HYGIÈNE VÉTÉRINAIRE APPLIQUÉE.

---

# LE PORC

## SA MULTIPLICATION, SON ÉLEVAGE ET SON ENGRAISSEMENT.

PARIS. — IMPRIMERIE DE W. REMQUET ET C.ie,

Rue Garancière, 5, derrière Saint Sulpice

HYGIÈNE VÉTÉRINAIRE APPLIQUÉE.

# LE PORC

## SA MULTIPLICATION, SON ÉLEVAGE ET SON ENGRAISSEMENT

### DES RACES PORCINES ÉTRANGÈRES

LE PLUS GÉNÉRALEMENT EMPLOYÉES POUR L'AMÉLIORATION DES RACES FRANÇAISES,



PAR

J.-H. MAGNE,

Professeur d'agriculture et d'hygiène à l'École impériale vétérinaire d'Alfort; ex-professeur à l'École impériale vétérinaire de Lyon et à l'Institut agricole de la Saulsaie ; membre de la Société impériale et centrale de médecine vétérinaire ; correspondant de la Société royale d'agriculture de Turin, de la Société impériale d'agriculture de Lyon, de la Société d'agriculture de l'Aveyron, etc., etc.

*DEUXIÈME ÉDITION*

revue, corrigée et augmentée, accompagnée de figures intercalées dans le texte.

PARIS

**LABÉ,** ÉDITEUR, LIBRAIRE DE LA FACULTÉ DE MÉDECINE,

ET DE LA SOCIÉTÉ IMPÉRIALE CENTRALE DE MÉDECINE VÉTÉRINAIRE,

**Place de l'École-de-Médecine.**

1857

# DU PORC.

## CHAPITRE PREMIER.

### Du genre Porc et de ses principales espèces.

Les porcs domestiques appartiennent au genre *Sus*, qui se distingue par les caractères suivants : 6 incisives à la mâchoire inférieure, tranchantes et dirigées en avant; 4 ou 6 à la mâchoire supérieure, coniques; 4 canines, 2 à chaque mâchoire, fortes, recourbées, appelées *défenses*, et croissant durant toute la vie; 12 ou 14 molaires à chaque mâchoire, à tubercules mousses; yeux petits à pupille ronde; extrémité inférieure de la tête formant un disque, sur lequel sont les deux ouvertures du nez. Ce disque, plus ou moins cartilagineux et élastique, offre un os dit *os du boutoir*, parce qu'il sert de base au boutoir; oreilles grandes, droites ou pendantes; encolure courte, forte, membres robustes. A chaque pied, 4 doigts, dont 2 grands posent toujours sur le sol, et 2 petits n'appuient que lorsque les animaux marchent dans les terres molles; queue grêle; corps trapu; peau épaisse couverte de poils roides appelés *soies;* estomac membraneux vomissant facilement; 12 mamelles inguinales et pectorales; verge dirigée en avant; testicules appliqués contre les fesses. Le son de la voix, *grognement*, peut servir à faire reconnaître les animaux de ce genre.

Animaux gloutons, voraces, omnivores, vivant de racines,

de fruits, d'herbes, de substances animales. On les trouve dans les forêts de toutes les régions chaudes et tempérées du globe, dans les marécages, où ils remuent la terre pour chercher leur nourriture. Quoique farouches, ils attaquent rarement les autres animaux, mais se défendent avec vigueur : ils s'apprivoisent facilement.

Ce genre renferme des espèces faciles à nourrir, voraces, prenant beaucoup de graisse, ayant un tissu lardacé souscutané, et pouvant se suppléer pour notre usage; indépendamment de celle qui a fourni le porc domestique, plusieurs ont été conseillées comme pouvant être nourries avec avantage dans nos basses-cours.

Le genre porc des anciens naturalistes a été divisé en trois sous-genres:

Pecari, *porc d'Amérique, porc musqué.* Il présente deux espèces : le *pecari à collier, dicotyles torquatus*, et le *pecari à deux lèvres, dicotyles labiatus.* Ces porcs sont petits, ont la queue courte, et se distinguent par 24 molaires, 10 incisives et 4 canines aiguës, à peine saillantes. Ils présentent, sur la croupe, une excavation d'où suinte une liqueur odorante; c'est à cause de cette cavité qu'on les a appelés *dicotyles,* à deux ombilics. On les trouve sauvages dans l'Amérique du Sud, mais ils sont faciles à apprivoiser et la viande en est savoureuse.

Porcs a excroissances. — On les appelle ainsi à cause de grosses excroissances charnues qu'ils portent à la tête. Ils ont formé un genre particulier appelé *phascochœrus.* Le plus connu, *phascochœrus africanus*, porc à excroissances d'Afrique, se distingue par ses oreilles appliquées contre le cou, sa tête longue, ses grosses défenses, 8 incisives, dont 6 à la mâchoire inférieure.

Ces porcs habitent l'intérieur du Cap, la Guinée, l'Abyssinie, le Sénégal. Sauvages, féroces même, ils méritent peu d'attention de la part des agronomes.

Les vrais porcs *Sus* offrent plus d'intérêt et sont plus nombreux.

Babiroussa, *Sus babyroussa*, de deux mots malais qui

signifient *porc-cerf*. Pourvu de 22 à 24 molaires, de 10 incisives, dont 6 en bas, de 4 défenses : celles de la mâchoire supérieure sortent de la bouche en perçant la peau du chanfrein et se recourbent en arrière au point de s'implanter dans le front; corps petit, trapu; tête légère; poil roussâtre, plus doux que celui du porc ordinaire.

Le Babiroussa se trouve dans les îles de la mer du Sud, à Java, à Sumatra. On l'appelle *cochon de la mer des Indes*. Il vit dans des marais maritimes, nage et plonge très-bien, et se nourrit de végétaux et de crustacés. La chair en est très-savoureuse et la graisse très-estimée. Il a été conseillé pour les localités où les fortes chaleurs occasionnent des maladies au porc commun.

Porc a masque, *porc des bois. Sus larvatus*. — Taille des porcs communs : garrot très-élevé, tête très-forte, oreilles courtes, yeux petits, écartés, défenses médiocres, triangulaires, gros tubercules sur les joues, — aspect repoussant. — Il se trouve dans l'Afrique orientale, à Madagascar, au cap de Bonne-Espérance. Il est fort et se défend avec vigueur quand il est attaqué.

Sanglier des Papous, *Sus papuensis*. — De petite taille, à soies rousses, fauves, fines, celles de la région dorsale hérissées, ce porc habite les lieux marécageux des bords de la mer, à la Nouvelle-Guinée. Il s'apprivoise facilement et fournit de la bonne viande. Quelques auteurs le considèrent comme le type des races à courtes jambes de la mer du Sud. Dans ce cas, il formerait une sous-race de l'espèce suivante.

Sanglier commun. — *Sus scrofa*. Ce sanglier est considéré comme la souche du porc domestique. En voici les principaux caractères : corps épais, trapu, couvert d'une peau dure; soies abondantes, longues, entre lesquelles nous trouvons un poil fin, court; tête allongée, forte, à occiput saillant; bouche très-fendue, garnie de 42 ou de 44 dents, dont 10 ou 12 incisives, 4 canines, 28 molaires; les 2 défenses, appelées crochets dans le porc domestique, sont longues, pointues, triangulaires, recourbées, et relèvent la lèvre supérieure; yeux vifs, petits, à pupille ronde; oreilles droites; museau relevé, tronqué, percé par les orifices des narines et terminé par un groin dur, calleux, pourvu d'un cartilage rond qui soutient l'os du boutoir; lèvre inférieure petite; dos tranchant; douze mamelles; queue grêle, courte; extrémités courtes; quatre doigts onguiculés, dont deux seulement servent à la progression.

Les sangliers habitent nos forêts; ils restent pendant le jour au fond de leur bouge, et en sortent la nuit pour chercher leur nourriture. Ils sont par bandes composées de femelles et de jeunes sangliers. Les vieux mâles vivent solitaires. Ces animaux sont paisibles; quoique bien armés et courageux, ils attaquent rarement, mais, provoqués, ils se défendent avec fureur. Ils s'apprivoisent facilement quand on les prend jeunes; et dès la seconde génération ils perdent les caractères qui les distinguent : ils prennent du ventre, les muscles diminuent relativement de volume, et la graisse devient prédominante. On les trouve dans les contrées tempérées de l'Europe et de l'Asie.

---

# CHAPITRE II.

## Des races françaises du porc domestique et de leur amélioration.

Les races porcines de nos contrées dérivent du sanglier commun, et celles de l'Asie, de Siam, du sanglier des Papous dont la patrie n'est pas encore bien connue. Mais comme les unes et les autres se reproduisent ensemble et donnent naissance à des produits féconds, nous devons supposer que les animaux sauvages d'où elles proviennent, ne forment, ainsi que nous l'avons dit, que deux races de la même espèce. Quoi qu'il en soit, les races originaires de nos pays diffèrent beaucoup de celles qui ont été importées des terres baignées par la mer du Sud. Les premières sont grandes, minces, à oreilles souvent amples, à soies fortes et à jambes longues; les autres petites, épaisses, à oreilles minces et dressées, à soies fines et à jambes courtes.

Les deux types n'offrent pas exactement les mêmes caractères dans tous les pays où ils se trouvent; mais les différences qu'ils présentent dans la nuance, les formes, la grosseur du poil, l'ampleur des oreilles, le volume de la tête, en forment plutôt des sous-races, ou seulement de simples variétés, que des races.

Nous grouperons les porcs français d'après les provinces, moins cependant à cause de leurs caractères qu'en raison de la manière dont ils sont élevés et des besoins auxquels ils doivent satisfaire; c'est aussi pour mieux grouper les améliorations dont ils sont susceptibles, et les moyens d'améliorer.

Avant de commencer cette étude, faisons remarquer que la taille des porcs et leur nombre, sont plutôt en rapport avec des habitudes particulières, avec certaines circonstances économiques, qu'avec la fertilité des terres et le caractère du climat.

Les porcs sont beaucoup moins soumis à l'influence du sol et du climat que les herbivores; il en résulte qu'ils présentent des races moins intimement liées aux provinces que le bœuf et le mouton, et même que le cheval.

A la rigueur nos porcs ne forment que deux types, deux races. L'un est à poil blanc, à taille élevée, à corps très-long, à oreilles pendantes, et à membres forts; l'autre, toujours pie ou presque noir, est plus trapu et plus court, à oreilles droites ou presque droites, et à membres plus fins. Le premier se trouve dans la Normandie, l'Anjou, le Poitou, l'Auvergne et la Lorraine; le second dans le Limousin, le Quercy, les Pyrénées, le Dauphiné, la Bresse et le Charolais. Les deux types se confondent dans plusieurs localités. Nous distribuerons les diverses variétés qui les constituent en sept paragraphes.

### § 1er. — Porcs de l'Ouest.

Nous confondons sous cette dénomination les porcs à haute stature, à corps long, entretenus dans nos départements de l'Ouest depuis la Seine jusqu'à la Gironde; ils sont d'un blanc plus ou moins jaunâtre et généralement avec quelques rares taches noires entourées de brun.

En raison surtout de la manière dont on les élève, nous distinguerons les porcs de la Bretagne de ceux des contrées plus fertiles.

### I. — *Porcs de la Normandie, du Maine, de l'Anjou, de la Vendée et de l'Angoumois.*

Les marchands distinguent parmi ces porcs plusieurs races ou *sortes*, mais c'est plutôt d'après les foires où ils achètent et les procédés d'engraissement usités dans chaque localité, que d'après les caractères des animaux. Après avoir énuméré les variétés principales qu'il est difficile de ne pas confondre, nous indiquerons les moyens de les améliorer.

PORC NORMAND. — C'est le mieux connu, celui que les auteurs ont décrit avec le plus de soins; il est à corps grand, long, mais souvent mince, et à dos droit, à oreilles larges, pendantes, amples et repliées vers l'angle postérieur. La base de la conque est en cylindre creux; l'extrémité du chanfrein devient un peu relevée dans les animaux âgés.

On distingue le porc *augeron*, du pays d'Auge, à oreilles très-amples, aussi longues que la tête, à poitrail large, à pieds forts et à jambons ronds et fort estimés.

Le *cotentin* à tête grosse, à pieds forts, à grandes oreilles à peau épaisse, à soies dures, à jambons allongés.

Dans la haute Normandie, les porcs dits *cauchois* sont grands, minces. Ils se trouvent dans les départements de la Seine-Inférieure, de l'Eure, de Seine-et-Oise, de l'Oise. On les remplace de plus en plus par ceux des races perfectionnées.

Les porcs de la sous-race *alençonnaise*, élevés vers la Mayenne, du côté de Prez-en-Pail, plus petits et ayant moins de nature, sont longs à prendre la graisse, mais à viande ferme, de bonne qualité.

PORCS MANCEAUX. — Grands, épais, bas sur jambes, à corps moins long que les précédents, les manceaux sont à nez raccourci, à oreilles de largeur moyenne. Le type se trouve dans le département de la Sarthe.

On appelle *mortagnards* ceux des environs de Mortagne. Ils ont des oreilles larges, fortement pendantes comme les normands, le dos très-large, des pieds moyens. Ces animaux sont trapus et donnent des jambons courts, bien fournis.

Plus à l'est se trouve le porc *du Perche*. Il manque souvent de largeur; il est à oreilles grandes, mais plus étroites, à tête forte, à pieds gros, à peau épaisse, à soies longues et dures. Comme le manceau avec lequel il se confond du reste, il fournit de bons jambons.

Les *saumurois* qui lui ressemblent sont meilleurs que ceux du Poitou avec lesquels ils se mêlent : ils sont plus épais, pourvus de muscles plus forts, et ont les côtelettes plus charnues, ce qui les fait préférer aux poitevins même dans le Poitou.

Porc de Craon, porc angevin. — Par sa taille et sa finesse, le premier forme un des plus beaux porcs connus. On le trouve à Craon, dans le riche bassin de la Mayenne. Il est remarquable par ses formes et ses qualités. Grand, mais à corps

Fig. 8. — PORC CRAONNAIS.

épais, à côte ronde, à lombes larges et à dos bien soutenu, il est à oreilles moyennes, à tête petite, à chanfrein court, droit, à soies rares et courtes, à peau fine, laissant distinguer les veines aux oreilles, à jambes bien garnies de muscles et donnant de beaux jambons (*fig.* 8).

A cause de sa perfection, cette sous-race mérite d'être prise pour type des porcs élevés dans le bas bassin de la Loire.

Les *angevins*, aussi à oreilles minces, pas très-grands, à pieds moyens, sont en général bien tournés, ont des jambons bien charnus. Souvent ils ont un épi sur les lombes, *sur le rognon*, dit-on dans le pays.

Porcs poitevins, vendéens. — Ces porcs sont grands, à corps long, mince, à tête forte, à oreilles épaisses sans être très-grandes, à dos de carpe, à pieds gros, à jambes trop hautes avec peu de muscles et donnant des jambons que l'on ne trouve pas assez charnus. Ils sont à soies grossières, à peau dure. Ceux du Marais présentent ces caractères à un degré très-marqué; ceux du Bocage sont moins grands, mais plus fins, à corps plus épais et à dos plus droit.

Les porcs poitevins se mêlent à ceux du Berry et du Limousin.

Porcs angoumois. — Corps assez épais; dos d'ordinaire en carpe; oreilles courtes moitié pendantes; soies fines; pieds fins, mignons; jambons courts.

Dans l'Angoumois et la Saintonge, ces porcs se mêlent à ceux du Poitou, mais aussi à ceux de la Gascogne et du Limousin. Vers l'est, du côté du Périgord, la production des porcs prend de l'importance.

Entretien. — Dans toutes les contrées que nous venons d'examiner, les résidus de la laiterie, et le pâturage sur des prairies artificielles, forment la nourriture le plus généralement employée pour l'entretien des porcs. Mais ces animaux ne sont jamais produits en très-grand nombre: chaque contrée engraisse à peu près les porcs qu'elle fait naître.

Engraissement. — Les procédés d'engraissement sont moins uniformes. Outre les produits du laitage, qui ne forment pas la meilleure viande, on emploie, ici les tourteaux, ailleurs les graines, les fèves, ou les farines. Les plaines de la Sarthe, de Loir-et-Cher, où prospèrent bien les diverses récoltes farineuses, engraissent les porcs les plus estimés, avec des farines, des grains, des graines et des tourteaux.

La pratique qui est plus particulièrement propre au pays, consiste à continuer aux porcelets, après le sevrage, la très-bonne nourriture qu'on leur a donnée pour les sevrer, à les soumettre à un engraissement continu jusqu'à l'âge de huit à dix mois. On les vend alors, sous le nom de *laitons*. Ces jeunes porcs sont tués par la charcuterie de Paris, à compter du mois d'octobre, jusque vers la fin de janvier. Les parties de la Normandie, du Maine, du Perche, du côté d'Évreux, de la Ferté-Vidame, en produisent moins, et les produisent moins gras depuis que le lait porté à Paris par le chemin de fer peut être vendu en nature.

Amélioration. — La grande réputation dont jouissent les porcs dans quelques parties du bassin de la Basse-Loire, dans les environs de Craon pour les formes et dans le Maine pour les qualités de la viande, tient aux soins que l'on donne à ces animaux.

Sur la large surface qu'ils occupent, de la Seine à la Gironde, les porcs blancs de l'Ouest, malgré les différences que nous avons signalées, se ressemblent par leurs défauts comme par leurs qualités.

Ils pèchent généralement par les formes : ils sont étroits et à squelette trop volumineux; leurs oreilles, larges et pendantes, indiquent le trop grand développement des os; les membres sont forts, longs, et n'ont pas toujours une épaisseur relative. En outre, quelques-uns ont la peau épaisse, les soies grosses et rudes.

Par un bon choix des reproducteurs, et surtout par un régime bien entendu (*voyez* Élevage), on pourrait les améliorer au double point de vue des formes et de la finesse. On pourrait également employer le croisement des sous-races entre elles ; celle de Craon est utilisée pour les races de l'Anjou et du Poitou. Mais ces moyens agissent lentement. Pour transformer ces porcs, pour les rendre épais et à membres fins, plus mous et plus graisseux, on devrait faire intervenir le croisement avec des races étrangères.

Dans le Poitou, l'Anjou et le Maine, on met encore rarement en usage ce moyen d'amélioration, mais vers le Nord, du côté de la haute Normandie, on trouve déjà beaucoup de métis anglo-français.

Les belles truies de la Normandie, celles de l'Anjou, avec les verrats des races trapues, à courtes jambes, donnent des métis à corps épais, à tête fine, à membres grêles et bien constitués pour la graisse; ils restent cependant plus forts que les races paternelles et donnent plus de viande. Du reste, en faisant intervenir plus ou moins souvent l'une ou l'autre race, on peut créer des types pour chaque localité. Dans le Poitou et la Vendée, dans l'Anjou et dans quelques parties de la Normandie, où l'on ne peut pas engraisser les porcs bien jeunes, où l'on tient à avoir des animaux à forte stature, on doit créer des métis qui n'aient qu'un quart ou un huitième de sang des races à courtes jambes ; tandis que dans les fermes de la Normandie et du Maine, où l'on peut bien nourrir en toute saison, et où l'on peut vendre en tout temps les animaux gras, on peut élever avec avantage des demi-sang.

Pour produire ces métis, la race de Leicester nous paraît la plus convenable, à cause de son poil blanc. C'est pour ne pas trop diminuer la taille de nos races que nous conseillons de n'employer, pour les croiser, que des demi-sang ou des quarts de sang, afin de produire des porcs n'ayant qu'un quart ou un huitième de sang étranger. Sans doute, dans la grosse race d'York on trouverait des verrats bien assortis aux fortes truies françaises, mais ils laissent beaucoup à désirer quant à la finesse, et les métis qui en proviendraient, soumis au mauvais régime qui produit nos porcs, ne seraient pas supérieurs aux races indigènes.

Les fréquentes relations des provinces dont nous parlons avec Paris, la nombreuse population de la Normandie, du bassin de la Basse-Loire, fournissent, surtout depuis l'établissement des chemins de fer, un débouché continuel qui permet de renouveler plus fréquemment les porcs, de les engraisser plus jeunes, et de s'attacher de plus en plus aux races renommées pour leur précocité.

### II. — *Porcs de la Bretagne.*

A Paris, on ne connaît, comme venant de la Bretagne, que des porcs toujours blancs, à museau allongé, à pieds fins, à oreilles courtes et demi-pendantes, à corps mince, à jambons peu charnus; mais il y a dans cette province diverses variétés assez distinctes, auxquelles on peut cependant appliquer la description suivante, empruntée à un ouvrage de notre collègue, M. Bellamy, sur les animaux domestiques du département d'Ille-et-Vilaine :

Les porcs bretons « ont la tête forte et longue, les oreilles de moyenne grandeur, le plus souvent minces, parfois épaisses, le cou court et grêle, le poitrail serré, le garrot étroit, les épaules maigres, la côte plate, le dos et les reins peu larges et voûtés; quelques-uns ont ces régions longues; la croupe est étroite, élevée à sa partie antérieure, la queue grosse, pendante et pourvue d'une grande quantité de poils à sa partie inférieure. Tous sont levrettés, ont les flancs creux, les jambes longues, grosses, sèches, et de taille élevée. » Ils sont très-voraces, mais donnent de la bonne viande.

Vers l'extrémité de la presqu'île, les porcs sont toujours blancs, mais avec plus de taches noires ou brunes, à oreilles droites, pointues, à jambes longues, plus fortes, et à corps allongé, plus mince; tandis que vers l'est, ils se rapprochent davantage de la race angevine et de la normande : ils sont plus forts, ont les oreilles plus grandes et pendantes.

Ces porcs portent en général les traces de la misère, qui en arrête le développement; c'est surtout par leur poids moins considérable qu'ils se distinguent des races dont nous venons de parler. Il est impossible qu'en vaguant sur les landes, ils puissent acquérir un fort poids et de belles formes.

Entretien. — Ces porcs sont entretenus maigrement avec le système du pâturage; les résidus de la laiterie sont utilisés comme dans tous les pays où l'on a des vaches laitières. L'engraissement a lieu avec des farineux, des tourteaux et du sarrasin. Quelques cantons de l'extrémité et de la partie sud de la presqu'île font naître et vendent aux autres parties de la province.

Amélioration. — Résumant sa description, M. Bellamy ajoute : « Cette race est remarquable par sa conformation, qui la rend propre à la course et difficile à engraisser; c'est-à-dire qu'elle possède exactement les aptitudes opposées à celles que l'on doit rencontrer chez un bon porc domestique. » C'est en nourrissant très-bien les porcelets destinés au service de verrats, en n'employant à la reproduction que des individus à tronc épais, qu'il serait possible d'améliorer la race. Le croisement avec les races à courtes jambes donne des métis qui ne se conservent pas, excepté dans les fermes où l'on nourrit mieux qu'on ne le fait généralement en Bretagne. Avec cette condition, les verrats du Hampshire ou d'Essex (là où l'on élève des porcs pies), et celui du Leicester (pour les contrées à porcs blancs), donnent de bons produits. Toutefois, ce dernier fait des porcs trop petits, trop bas sur jambes. Si on veut l'employer, il faut ne se servir que du demi-sang, afin d'obtenir des produits ayant trois quarts de sang breton et un quart de sang anglais.

### § 2. — Porcs des départements du Nord et de l'Ile-de-France.

On distinguait, dans le nord de la France, le porc picard, le flamand et l'artésien. Ils ont été transformés, et l'on ne voit très-généralement dans le pays que des porcs à corps épais, à tête courte, à oreilles dressées, et à membres fins. Là où il reste des individus de l'ancienne race, on peut leur appliquer ce que nous avons dit des porcs de la Normandie, de l'Anjou et du Maine.

C'est dans cette partie de la France que la transformation des races porcines a fait le plus de progrès. Aux anciennes races on a substitué, par importation et par métissage, les races perfectionnées. Le voisinage de l'Angleterre pourrait expliquer en partie ce résultat; la porcherie de l'école d'Alfort, celle de Grignon, celle de Petit-Bourg l'ont facilité; mais il faut tenir compte d'autres circonstances.

En première ligne nous placerons l'influence des cités populeuses qui font une grande consommation de viande de porc, et la facilité des moyens de communication; en second lieu, la richesse de l'agriculture, l'exploitation de nombreuses fabriques, qui fournissent en abondance des grains, des résidus pour l'engraissement. De là résulte que les éleveurs peuvent engraisser dans toutes les saisons, et dans toutes les saisons vendre leurs porcs gras sans avoir à les faire voyager. Nous avons ici des conditions bien différentes de celles qui existent dans le Centre et dans le Midi.

AMÉLIORATION. — Nous ne répéterons pas nos observations sur la nécessité de soigner les jeunes animaux et de choisir les reproducteurs; nous ajouterons seulement que cette dernière précaution est d'autant plus nécessaire que le choix ne porte que sur des métis : il importe d'exclure ceux qui dégénèrent.

On continue le croisement, généralement avec les verrats pies du Berkshire et du Hampshire, dans la Picardie, dans la Brie : l'on en voit de nombreux descendants dans les environs de Dieppe, d'Amiens, de Beauvais, de Meaux; mais dans le département du Nord on préfère les races blanches, le verrat du Leicester. Dans les porcs noirs, la base des soies, qui reste adhérente à la peau, donne à la viande un aspect qui nuit à la vente, à moins qu'on n'échaude les porcs à l'eau bouillante, ce qui est rarement pratiqué.

## § 3. — Porcs du Nord-Est.

Dans le Nord-Est nous retrouvons des porcs généralement blancs, mais d'un blanc grisatre terne; ils sont moins lourds que ceux de l'Ouest, à corps moins long, plus mince, à dos plus arqué. On y distingue plusieurs sous-races.

LORRAIN. — La Lorraine est renommée par son commerce et sa consommation de viande de porc. On compte 94,000 porcs dans les Vosges, 99,000 dans la Meuse, 108,000 dans la Moselle et 109,000 dans la Meurthe : c'est à peu près le douzième des 4,910,721 porcs que nous avons en France.

Les porcs lorrains sont à forte charpente, minces, mal conformés, blancs ou presque blancs, à poils longs, gros, à membres forts, velus, à tête longue, à chanfrein droit, conique, à oreilles pointues. Ils sont élevés du coté de Bar-le-Duc et dans la vallée de la Meuse, jusque dans la Haute-Marne; ils se trouvent encore dans les Ardennes. Mais indépendamment de ceux qu'elle fait naître, la Lorraine en engraisse qui viennent de la Bourgogne, du Morvan et même du Berry.

Champenois. — Le porc champenois est grand, mince, à dos arqué, à côte plate, à oreilles pendantes, à poil le plus souvent blanc. Ce porc devient de plus en plus rare. Vers le Nord et dans les parties de la province plus rapprochées de Paris, nous trouvons les métis produits dans le pays par les races perfectionnées, avec ceux qui sont importés de la Picardie et de l'Artois : on appelle ces derniers *artésiens batardés;* vers la Bourgogne on tire en général les porcs du côté du Centre; enfin vers l'Est on élève les porcs de la Lorraine, et des porcs du Luxembourg, grands, mal conformés, importés ou nés dans le pays.

Alsaciens. — Quoiqu'il y ait en Alsace beaucoup de porcs dans quelques communes, ces animaux n'offrent rien de particulier. Ils sont de taille moyenne, étroits de poitrine, tantôt blancs, tantôt avec la partie antérieure et la partie postérieure du corps noires, assez mal soignés, et élevés très-économiquement : on les conduit par grands troupeaux dans les chaumes et les friches avec les autres animaux domestiques.

Entretien. — Dans beaucoup de communes de la Haute-Marne, des Vosges, du Haut-Rhin, de la Meurthe, on conduit les porcs dans les herbages avec les moutons, et quelquefois avec des vaches, des chevaux et des oies, souvent non muselés : ils labourent le sol et trouvent des racines et des vers, mais ils n'en sont pas moins mal nourris. Dans quelques maisons on a pour les entretenir, indépendamment des résidus de la cuisine, ceux de la laiterie.

Amélioration. — Tous les animaux compris dans ce paragraphe laissent à désirer au point de vue des formes. Les plus grands, qu'on élève dans la vallée de la Meuse, sont même les plus mal conformés : ils ont les os gros, la côte plate et la tête forte, les jambes trop longues et les gigots mal fournis.

Pour produire des améliorations durables, il faut d'abord songer à nourrir les jeunes animaux plus abondamment et à choisir de bons reproducteurs.

Le croisement avec les races perfectionnées est pratiqué depuis longtemps. Beaucoup d'éleveurs de la Haute-Marne et de la Meurthe ont croisé les truies indigènes, d'abord avec des produits de la porcherie d'Alfort, et depuis avec des verrats des races perfectionnées de l'Angleterre. Généralement, les races du Hampshire et du Berkshire sont les plus convenables pour la taille; elles donnent des produits à poitrail ouvert, à cuisses bien charnues, à dos horizontal, à membres fins et à tête courte, que les cultivateurs recherchent; ceux du Leicester seraient préférables à cause de leur poil blanc, mais ils sont petits et si on les employait il faudrait pousser moins loin le croisement. Quel que soit le type améliorateur employé, il faudrait, pour produire de bons métis, nourrir plus abondamment et restreindre le régime du pâturage.

### § 4. — Porcs blancs du Centre.

Dans le centre de la France, les porcs blancs sont minces et à dos arqué. On les y estime moins en général que les porcs pies; on en conserve cependant encore plusieurs sous-races.

Bourbonnais. — Blanc ou presque blanc, de taille moyenne, à corps mince, à dos arqué, à oreilles larges à la base, pointues et un peu renversées au sommet, ils sont élevés dans le Bourbonnais, le Nivernais, la Puisaye. Avec les berrichons et les marchois, ils sont conduits dans la Bourgogne, la Champagne et jusque dans la Lorraine et l'Alsace.

Berrichon. — Il est de taille moyenne à côte plate, presque complétement blanc, à oreilles longues et pointues. Le pays en produit beaucoup plus qu'il n'en engraisse. On conduit beaucoup de porcs berrichons vers l'Est et le Nord-Est où ils sont engraissés.

Marchois. — Assez grand, très-mince et à dos voûté, le porc du département de la Creuse est blanc avec la tête presque complétement noire. Par sa couleur, il tient le milieu entre les porcs blancs du Nord et les porcs pies du Sud, mais par son corps mince, il a beaucoup de ressemblance avec les premiers.

Auvergnats. — Ils sont souvent blancs, à corps grand élancé, mince ; à oreilles longues et pendantes sinon larges ; à extrémités grosses. Rustiques et peu difficiles sur le choix des aliments, ils consomment beaucoup et sont difficiles à engraisser.

La race d'Auvergne s'étend jusque dans *les Causses* de l'Aveyron. Elle se modifie en se croisant vers le sud de ce département avec celle du Segala, et vers l'ouest dans le Causse de Villefranche de Rouergue avec celle du Quercy. Dans les deux cas elle perd de sa taille, devient pie, à corps plus épais et moins dure à l'engrais.

Entretien. — Ces contrées font naître un grand nombre de porcs et les exportent dans les contrées voisines.

Dans une grande partie de l'Auvergne on fait naître des porcelets que l'on nourrit, pendant un certain temps, avec le produit de la laiterie, et que l'on vend ensuite pour l'exportation vers le Nord. L'engraissement a relativement moins d'importance que la production. On ne récolte aucun produit particulièrement approprié à l'engraissement du porc. Cependant, dans les laiteries de la montagne il est plus commode, moins embarrassant, de faire consommer les résidus par des porcs à l'engrais que par des truies et des porcelets. Dans quelques beurrons de la Haute-Auvergne, on compte qu'on peut engraisser cinq porcs avec le petit-lait de cinquante vaches, et on les garde du 25 mai au 13 octobre ; quelquefois les propriétaires des troupeaux prennent des porcs en pension ; il y a quelques années, le prix de l'engraissement d'un porc pendant l'estivage était de 24 francs.

Amélioration.—Nous n'avons rien à ajouter à ce que nous avons dit sur les moyens d'amélioration, à l'occasion des autres races. Les porcs du Leicester, sans changer la couleur de la race, produiraient, en une seule génération, de très-grands changements. Du reste, on opère déjà des croisements sur une grande échelle ; on ne craint pas, même dans les contrées où l'on a des porcs blancs, d'employer la race de Berkshire. Il en résulte des métis pies, à fond blanc avec des taches noires, que l'on trouve très-communément dans la Nièvre, le Berry, le Bourbonnais, l'Auvergne. On préfère, dans beaucoup de contrées du Centre, les porcs pies aux porcs blancs, comme plus faciles à nourrir; ils deviennent moins grands, mais ils fournissent une viande plus ferme.

### § 5. — Porcs de l'Est.

Les porcs produits dans les pays les plus rapprochés des provinces dont nous venons de parler rentrent dans la catégorie des porcs blancs; mais ils sont loin d'être aussi intéressants que ceux de la Bresse, du Charolais et du Dauphiné, qui sont pies.

COMTOIS. — Blancs ou avec de petites taches noires à la tête et à la croupe, les porcs comtois ne servent qu'à la consommation locale. A l'exception du laitage, le pays ne possède aucun produit particulièrement propre à nourrir des porcs. Sur les montagnes surtout, le lait est même exploité par association, pour faire le fromage de Gruyère, et l'on cherche à retirer du petit-lait tous les produits utiles qu'il renferme. Ce dernier liquide appartient d'ailleurs un jour à un associé, et le jour suivant à un autre; avec cette condition il est impossible de l'utiliser à l'entretien des porcs.

BOURGUIGNONS. — Parmi les porcs que la Bourgogne fournit au commerce, les uns sont dirigés, en suivant le bassin de la Seine, vers Paris, et les autres sont conduits, par la Saône et le Rhône, vers Lyon et les villes du Midi.

Les porcs connus à Paris sous le nom de bourguignons, et remarquables plutôt par la fermeté de leur chair que par leur état d'engraissement, sont blancs, à corps allongé, à côte plate, à reins minces, à jambes longues et à oreilles pendantes. On les produit dans l'Yonne, la Puisaye, une partie de la Côte-d'Or. Il en est souvent engraissés jeunes et vendus vers l'âge de 8 à 9 mois. Ils sont, du reste, susceptibles de devenir très-gras et de prendre un très-fort poids quand on les garde jusqu'à l'âge de 18 ou 20 mois et qu'on les engraisse bien. Une de nos connaissances nous a assuré avoir vu, chez son père, une truie blanche, venue des environs de Saint-Fargeau, parvenue à un tel état de graisse qu'elle se laissait dévorer le dos par les rats.

Avec les porcs nés dans le pays, se trouvent ceux qu'on tire du Berry, du Morvan, du Nivernais, du Gâtinais, même du Limousin. De taille moyenne, plus ramassés, à oreilles plus pointues et moins pendantes, ils sont en général nourris quelque temps sans être engraissés, et vendus moins jeunes à la charcuterie que ceux nés dans le pays.

*Morvandeau.* Ce porc se trouve sur les montagnes de la Nièvre et de Saône-et-Loire, à Château-Chinon, Liernais, Arnay-le-Duc, Saulieu. Pie ou presque blanc, il est à corps mince; la viande n'en est pas très-estimée; on l'engraisse avec le gland, la pomme de terre et le sarrasin.

*Charolais.* Les porcs de l'arrondissement de Charolles sont blancs et noirs, assez bien faits, à oreilles moyennes. Ils s'étendent jusque sur la rive gauche de la Loire et se croisent dans l'Allier avec ceux du Bourbonnais et de l'Auvergne. On les confond vers le bassin du Rhône avec ceux des autres parties de la Bourgogne sous le nom de bourguignons.

On appelle *bressans*, les porcs qui se trouvent dans le sud du département de l'Ain. Ils sont à corps long, mince, souvent à côte plate, à poitrine peu profonde, à dos souvent arqué, à encolure longue; l'extrémité des oreilles est pendante, les soies sont ordinairement noires à la partie postérieure et à la partie antérieure du corps et blanches au milieu, mais quelquefois presque complétement noires. Les individus à poitrine épaisse et à dos horizontal sont moins nombreux sur la rive gauche que sur la rive droite de la Saône.

Comme dans tous les pays à vaches, on élève beaucoup de porcs dans le département de l'Ain et fort économiquement; une partie des porcelets nés dans la Bresse sont conduits dans le Maconnais, le Beaujolais, le Forez, le Lyonnais; ceux du Bugey vont plutôt dans le Dauphiné.

Les porcs du Charolais et ceux de la Bresse forment les sous-races les plus intéressantes de la Bourgogne.

**Porcs du Dauphiné.** — Sans avoir de race propre, le Dauphiné fait naître dans quelques contrées beaucoup de porcs. Du côté de la Côte-Saint-André, on fait des élèves qui sont ensuite en partie conduits gras dans le Midi : ils sont minces, à côte plate, à poitrine peu profonde.

Dans les montagnes où ils sont en général presque noirs, les cultivateurs utilisent mal leurs ressources et en produisent peu. Avec le laitage et la facilité de faire pâturer, il leur serait cependant facile de faire des élèves. Les porcs nés dans le pays sont engraissés avec ceux qui proviennent de la rive droite du Rhône, de la Bresse et du Bugey surtout. On retrouve la même sorte, porcs blancs et noirs, sur les Alpes, à La Mure, Gap, Manosque, Sisteron. De loin en loin, on en voit quelques-uns qui sont presque blancs.

**Amélioration.** — On trouve dans la Bourgogne, dans le Charolais en particulier, des porcs bien conformés qui pourraient devenir le type d'une race perfectionnée. D'un autre côté on engraisse du côté de l'ouest des porcs qu'on livre à la charcuterie vers l'âge de 8 à 9 mois ; il serait donc facile d'améliorer la race par elle-même, mais les éleveurs préfèrent très-généralement la croiser : on trouve aujourd'hui très-facilement des verrats de race améliorée, et il est plus facile de les employer que d'améliorer par le choix des reproducteurs dans le type indigène. Dans toute la Basse-Bourgogne, dans la Puysaie, dans le Morvan, du côté de Moulins-Engilbert, dans la Côte-d'Or, partout où l'on a pu apprécier les races perfectionnées, où l'on tient à rendre rapidement la côte ronde, le dos horizontal et les membres fins, on croise avec les races à courtes jambes. On emploie quelquefois le porc blanc du Leicester et ses dérivés, mais plus souvent ceux d'Essex et du Berkshire.

On utilise les races anglaises dans le département de l'Isère, comme dans ceux de Saône-et-Loire, de la Nièvre e de l'Yonne. Les cultivateurs qui ont importé ces races étrangères en vendent très-bien les produits; ceux qui ne veulent pas les élever à l'état de pureté en recherchent les mâles pour croiser les truies indigènes et obtiennent des métis qui ont le corps plus épais quoique conservant les qualités, la force, la sobriété, et en partie la taille, des porcs propres au pays.

### § 6. — Porcs pies du Centre.

Nous réunissons dans le même paragraphe les porcs élevés sur le plateau central de la France et sur les côteaux qui limitent ce plateau à l'ouest et au sud depuis la Loire jusqu'à la Garonne, notamment dans les départements de la Haute-Vienne, de la Corrèze, de la Dordogne, du Lot et de l'Aveyron. Ces porcs sont de taille moyenne, à longues jambes et de couleur pie ; leur viande est moins lâche, plus fine et plus estimée, que celle des grandes races dont nous avons parlé jusqu'ici.

Limousins. — Des conditions particulières de terrain et de culture favorables à la multiplication du porc, se rencontrent dans le Limousin ; c'est la division des terres, l'abondance des châtaignes, la culture des pommes de terre, et le peu de fortune des cultivateurs pour lesquels le porc est un instrument de travail. Cette province exporte beaucoup.

Les porcs limousins sont presque toujours pies : blancs sur les côtes et noirs aux deux extrémités du corps ; à tête longue conique, à chanfrein droit, à oreilles moyennes ou petites, baissées, mais non pendantes ; à corps bien fait, à soies assez fines, pas très-épaisses, à pieds minces, fins, allongés. Animaux très-robustes quoique ne venant pas très-gros : les plus forts atteignent à peine 180 kilogr. Ceux du nord, qui se confondent avec ceux de la Marche, du côté de Bellac, d'Aigurande, du Grand-Bourg, de la Souterraine, viennent à Paris ; ceux de la Haute-Vienne descendent vers les ports de mer ; ceux du côté de Tulle, de Brives, sont conduits dans le Languedoc par l'Aveyron.

Périgourdins. — Ces animaux sont pies, mais comme ils se mêlent souvent avec ceux du Poitou, ils ont beaucoup de blanc ; en général, ils sont à corps bien fait, épais, à poil lisse flattant les acheteurs par son brillant, à taille plus forte que celle des limousins ; ils pèsent communément 200 kilogr.

On exporte de Périgueux, de Riberac, de Thivier, dans

le Quercy, le Rouergue et sur les bords de la Garonne des porcs jeunes pour y être élevés et engraissés, et l'on conduit des porcs gras à Montpellier, à Marseille ou à Bordeaux.

Les porcs du Périgord se mêlent vers Angoulême avec ceux des provinces voisines. Les arrondissements de Nontron, de Confolent où se trouvent les races du Périgord et du Limousin, en fournissent aux contrées situées plus à l'ouest. En suivant la partie occidentale du département de la Dordogne et la partie orientale du département de la Charente, on trouve des porcs de diverses races et beaucoup de métis.

On sait que c'est dans le Quercy et le Périgord que l'on trouve des truffes de bonne qualité; on connaît aussi l'aptitude des porcs à les découvrir. Tous ces animaux n'y sont pas également propres. On recherche, pour cet usage, ceux qui ont le chanfrein volumineux et les cavités nasales amples. Quand les hommes qui utilisent ces animaux en trouvent de bons, ils les conservent très-longtemps, jusqu'à l'âge de dix, douze ans.

Pour ce service on choisit de préférence les truies, d'abord parce qu'elles donnent un produit par la vente de leurs porcelets; ensuite parce que, plus affamées, elles cherchent mieux. On a soin de ne les nourrir que très-médiocrement : nous en avons vu de la plus grande maigreur.

Le conducteur, quand il procède à la recherche des truffes, porte sur son dos une besace contenant du grain, du maïs, et à sa main un bâton. Il marche à côté de sa truie, et quand celle-ci s'est arrêtée, que par son empressement à fouiller la terre elle indique qu'elle a découvert des truffes, il la frappe légèrement avec son bâton et lui jette une poignée de maïs à côté : instruite par l'expérience, elle sait que l'avertissement du bâton indique la ration de grains; pendant qu'elle mange, le conducteur a le temps de chercher les truffes avec sa pioche.

Agenais. — De forte taille, mais à corps trop mince, à poitrine étroite, ils sont pies, souvent presque noirs, à soies fortes. Ces animaux viennent de la partie septentrionale du département de Lot-et-Garonne.

Les marchands qui les conduisent gras au Languedoc les

confondent avec les précédents; on confond aussi les deux types dans le Quercy, le Rouergue, le Tarn, óù l'on conduit des porcelets achetés dans le département de Lot-et-Garonne, du côté de Montflanquin.

La race agenaise se croise sur les bords de la Garonne avec celle des Landes, et constitue ce qu'on appelle la *race de la Gascogne,* très-connue dans le Midi et formée d'animaux blancs au milieu du corps, grands, étroits, à dos voûté, à membres forts, sobres et vigoureux.

Quercinois. — Plus blancs que le type limousin, ils sont plus trapus de corps, un peu plus petits, plus courts et plus épais; à oreilles plus petites et en général droites, à soies moins fines. Ils sont également sobres et robustes.

Les porcs de cette contrée sont, pour la plupart, conduits maigres dans le Rouergue. Ceux qu'on engraisse dans le pays, et qui ne sont pas utilisés pour la consommation locale, sont achetés aux foires de Gramat, de Figeac, et conduits gras dans le Languedoc, à Béziers, à Nismes.

Porcs du Rouergue. — Dans le département de l'Aveyron, les races du Quercy, du Limousin, se mêlent entre elles et avec celle de l'Auvergne. Il résulte du croisement, des métis plus petits, pies ou presque noirs, sobres, mais prenant moins de développement que les races qui les ont formés. Du reste, ces croisés sont en petit nombre et toujours mêlés à des individus des races pures que le commerce amène en grande quantité de Limoges, de Brives, de Figeac. Même lorsqu'ils proviennent d'une mère fécondée dans le Limousin, et qu'ils sont bien soignés, les porcelets nés dans le Rouergue ne se développent pas comme ceux qui sont amenés du Limousin, ce qui ne peut s'expliquer que par l'influence heureuse que le changement de lieu exerce sur les jeunes animaux.

Cette introduction a lieu vers la fin de l'automne : les porcelets consomment, en hiver, les restes des porcs que l'on engraisse avec des pommes de terre et des châtaignes; ils sont engraissés à leur tour l'hiver suivant, après avoir été entretenus en été de la manière la plus économique.

Entretien, Commerce. — Le Limousin et le Périgord forment un de nos grands centres de production. La Corrèze compte 81,000 porcs, la Haute-Vienne, 91,000 et la Dordogne, 158,000 ; c'est à peu près le quatorzième des porcs entretenus en France.

Les jeunes porcs sont élevés très-économiquement avec le petit-lait et les résidus de la cuisine, et un peu avec les châtaignes restées dans les bois; mais ces provinces manquent de ressources pour engraisser tous les animaux qu'elles font naître; elles fournissent tous les ans de grandes bandes de porcelets à l'Auvergne, au Bourbonnais, au Nivernais, à la Bourgogne et même à la Lorraine, et dans le sud, au Lot-et-Garonne, au Tarn-et-Garonne, à l'Aveyron, et au Tarn.

L'engraissement a lieu avec des pommes de terre du sarrasin, des châtaignes surtout, et les porcs sont exportés dans le Languedoc pour la plupart; généralement, ils sont immédiatement consommés; quelques-uns cependant sont conservés pendant un certain temps; il arrive même que des cultivateurs de l'Hérault font venir, dans une bande de porcs gras, des truies maigres pour en élever les produits.

Amélioration. — La race limousine et ses sous-races pourraient être considérablement améliorées par elles-mêmes; mais il faut employer, pour obtenir un résultat sensible, et le régime et les appareillements.

Après avoir choisi le verrat et la truie destinés à la reproduction, il faut les soigner d'une manière particulière; les sevrer plus tard que leurs frères et leur donner une très-bonne nourriture pendant et après le sevrage.

En employant ce moyen on arrivera en peu de temps à une grande amélioration. Malgré le peu de soins que l'on donne aujourd'hui à l'élevage, on trouve dans les races du Quercy, du Périgord de bons individus, et il serait facile d'en augmenter indéfiniment le nombre, et de les rendre même meilleurs en choisissant bien et en soignant convenablement les reproducteurs.

En conseillant l'amélioration de la race par elle-même, nous sommes loin de méconnaître les avantages des croisements avec les races perfectionnées. Sans diminuer sensiblement la quantité de viande maigre et de lard que fournissent les animaux, il serait possible d'imprimer de grandes améliorations aux races que nous examinons, même en supposant que les conditions dans lesquelles sont nos campagnes resteraient les mêmes. A plus forte raison, ils seront avantageux, parce que de jour en jour on s'entend mieux à nourrir les cheptels, que les industries rurales, les sucreries, les huileries fournissent plus de ressources, que les populations s'habituent à manger plus de viande fraîche, et que les chemins de fer multiplient les débouchés.

Les métis d'ailleurs, quand ils ont été élevés dans les campagnes, qu'ils ont été habitués à courir dans les pâturages, marchent bien, et si, à cet égard, ils sont inférieurs aux races communes, c'est parce qu'ils sont plus gras et plus lourds.

Les éleveurs qui voudraient plus de ressemblance avec les races précoces, produiraient des métis ayant trois quarts ou sept huitièmes de sang de la race croisante; tandis que ceux qui tiendraient à conserver davantage les caractères de la race indigène, donneraient à leurs truies des verrats n'ayant qu'une moitié, ou même qu'un quart de sang anglais. Au lieu du verrat de Sussex on pourrait employer celui du Berskhire ou du Hampshire ; mais comme ces derniers ont un peu moins de rondeur, ils produiraient des métis plus rapprochés par leurs formes et leurs qualités du type limousin ; à cet égard ils seraient preférés par beaucoup d'éleveurs.

Du reste, il suffit que les porcs demi-sang soient élevés sobrement pendant une ou deux générations, qu'on les fasse pâturer dans les bois, pour qu'ils reprennent les membres vigoureux, l'encolure forte et la tête longue des porcs indigènes. C'est à prévenir cette dégénération trop fréquente et trop rapide que doivent tendre les soins des éleveurs.

De nombreux croisements ont été opérés et s'opèrent sur les diverses sous-races élevées dans l'arc de cercle compris entre Bellac, Confolent, Nontron, Périgueux, Cahors, Bergerac et Rodez. Dans le Limousin et le Périgord surtout, on élève beaucoup de métis provenant des races du Hampshire, d'Essex et de Leicester. Il s'en produit aussi vers l'est, dans le Lot et l'Aveyron.

Dans les villes où le porc est surtout utilisé pour assaisonner les aliments, les métis précoces, épais, trapus, et donnant beaucoup de gras, sont bien appréciés; mais les habitants des campagnes trouvent que ces animaux, qu'ils appellent *tonquins* quelle que soit la race à la quelle ils appartiennent, sont petits, manquent de muscles, que leur lard fond trop quand on le fait cuire. En effet, des porcs précoces ne rendent pas assez de viande pour les domaines où la chair de porc est la seule que l'on fasse consommer aux travailleurs ; et leurs qualités sont peu précieuses dans les pays chauds où l'on ne peut ni saler le porc, ni le manger frais pendant l'été, où il faut des animaux qui s'entretiennent très-économiquement pendant une grande partie de l'année et qui puissent, après leur engraissement, faire à pied un long voyage pour se rendre dans les villes où ils doivent être consommés.

## § 7. — Porcs des Pyrénées.

De l'Océan à la Méditerranée on connaît plusieurs sous-races de porcs. Toutes sont à longues jambes, minces, avec des oreilles étroites et un poil pie. Nous distinguerons les suivantes en allant du département des Basses-Pyrénées à celui des Pyrénées-Orientales.

PORC NAVARRIN. — Dans le sud de la Haute-Garonne, dans les Landes et dans les Pyrénées-Occidentales on élève la même sorte de porcs. Ils sont hauts, minces, à dos arqué. Ceux qu'on conserve dans les fermes sont mieux conformés que ceux qui forment ces grands troupeaux que l'on voit sur les pentes abruptes des vallées. Dans les plaines ils sont aussi plus épais et se confondent avec ceux de la Gascogne.

ARIÉGEOIS. — Dans l'Ariége les porcs ont la même conformation générale que dans la Gascogne, mais ils sont plus forts, ont des oreilles longues pendantes et étroites ; ils ont aussi plus de disposition à grandir qu'à prendre de l'épaisseur. Les villages qui ne les envoient pas dans les herbages, les nourrissent avec des herbes sauvages, des patiences, des asphodèles données crues ou cuites.

Des porcs de la vallée de l'Ariége sont conduits maigres dans la vallée de Carol où on les engraisse.

Cerdagnois. — Le premier grand centre de production vers l'est, est dans les Pyrénées-Orientales. On trouve les porcs en petits lots dans les vallées, et en grands troupeaux sur les montagnes. Ces animaux sont toujours pies, avec beaucoup de blanc, à corps allongé, mince, haut monté, à dos arqué, à museau long, droit, et à oreilles grandes. Dans les Pyrénées-Orientales, comme vers l'Océan, les porcs vivent en grands troupeaux, sous la garde d'un jeune garçon. Ces porcs ne sont pas *bouclés;* on ne craint pas qu'ils fouillent dans les terres vagues sur lesquelles ils cherchent leur nourriture.

Amélioration. — On ne doit chercher à améliorer que progressivement les porcs des Pyrénées : par un bon choix des reproducteurs et en soignant les élèves destinés à la reproduction.

Les croisements ne donnent pas de résultats durables avec le régime usité dans le pays; mais en outre, dans les montagnes, où l'on ne consomme pas de viande de boucherie, on préfère des porcs de haute taille, ayant beaucoup plus de lard et de chair que de graisse. Même en Espagne, où l'on trouve des races perfectionnées, le croisement se répand peu, car on élève presque exclusivement, dans les environs de Puycerda, des porcs pies semblables aux grands porcs des Pyrénées.

Dans les Pyrénées-Orientales et dans l'Ariége, quelques cultivateurs cependant croisent avec de petits porcs venus d'Espagne : les métis élevés du côté de Prades, de Montlouis, de l'Hospitalet, de Saint-Girons, sont plus *ragots*, plus trapus, plus épais, à oreilles courtes, dressées, noirs ou roussâtres, et bien conformés.

Vers l'Océan, on améliore avec les races perfectionnées que nous connaissons dans le Nord. Les verrats du Hampshire y donnent, comme dans la Gascogne, des métis à belle conformation qui conservent à peu près la couleur de la race indigène; mais ces animaux élevés selon le procédé d'élevage usité dans le pays dégénèrent avec la plus grande rapidité, ne sont pas supérieurs aux porcs indigènes. Ce croisement ne peut être avantageux que dans les plaines, au fond des vallées, dans les fermes qui élèvent leurs porcs dans des vergers ou à la porcherie

---

# CHAPITRE III.

## Des races porcines étrangères le plus généralement employées pour l'amélioration des Porcs français.

Des innombrables races porcines connues, nous n'avons à nous occuper que de celles qui peuvent améliorer les races françaises, de ces races à corps petit, épais, à jambes courtes, à peau fine et à soies rares. Nous les trouvons en Asie, dans l'Europe méridionale, et en Angleterre ; les unes et les autres sont particulièrement propres à donner à nos porcs, par le croisement, un tronc plus épais et des membres plus grêles ; elles sont très-graisseuses, mais les truies ont moins de lait que celles de nos pays, et les mâles sont moins prolifiques que nos verrats.

### I. — *Porcs d'Asie ou de la mer du Sud.*

Ces porcs, issus probablement du sanglier de la Nouvelle-Guinée, ont été importés en Europe des îles de la mer du Sud, de l'archipel Indien. Ils sont très-petits, à corps épais, à jambes fines et courtes, à tête pointue et à oreilles dressées. On désigne les principales variétés qu'ils forment par des noms qui indiquent les pays d'où elles proviennent.

Porc de siam. — Le porc de Siam est d'une belle conformation et se distingue par son poil fin, peu abondant, roux ou plus ou moins pie, à taches brunes sur un fond rougeâtre. On l'appelle encore *porc pie d'Asie*.

PORC CHINOIS, COCHINCHINOIS OU TONQUIN. — Une des premières variétés des porcs asiatiques connus en Europe a été importée de la Chine, des environs de Canton et des autres contrées situées à l'est des Indes anglaises, de la Cochinchine et du royaume de Tonquin : de là, dérivent les noms par lesquels on la désigne.

Les porcs chinois sont petits, à corps épais, trapu, touchant presque à terre, à jambes très-fines, à cou court, à tête large au sommet, à museau raccourci, à oreilles petites et dressées, à peau fine et à soies rares, douces, noires, brunes ou blanches. Le porc chinois est quelquefois pie, bleuâtre ou cuivré.

PORC TURC. — Il a été importé de l'Europe orientale, du bassin de la mer Noire. Il se rapproche par ses formes de celui qui provient du fond de l'Orient, d'où probablement il est originaire lui-même. Bien conformé pour donner beaucoup de graisse, il est à jambes courtes et fines, à oreilles petites et dressées, à tête pointue et à soies rares, noires, grises ou brunes et souvent frisées. Il est l'objet d'un commerce considérable dans la vallée du Danube.

UTILITÉ. — Ces races, qui sont de très-petite taille, ne conviennent pas à nos cultivateurs pour être élevées à l'état de pureté, mais comme elles sont très-prolifiques et s'engraissent facilement, elles peuvent être multipliées avec avantage dans les grands établissements qui tiennent à tuer régulièrement, pour les besoins de la maison, des petits porcs gras de 4 ou 5 mois; elles ont été avantageusement employées pour améliorer les races indigènes : elles ont créé en France, en Belgique, en Allemagne et en Angleterre surtout, des métis qui constituent aujourd'hui des races fixes, constantes, propres à croiser les anciennes races encore trop généralement entretenues dans nos pays.

### II. — *Porcs napolitains.*

On trouve dans les contrées méridionales de l'Europe des porcs petits, à poitrine épaisse, à dos large, à poitrail ouvert, à joues fortes, à museau pointu, à oreilles courtes, à soies fines, rares, brunes, noires et plus souvent rousses.

Ces porcs sont élevés comme race indigène en Portugal, en Espagne, à Malte, en Toscane, dans la Calabre. Nous avons vu qu'il en a été introduit dans les Pyrénées et qu'on en élève dans la Cerdagne et le Roussillon. La variété la plus connue est entretenue au sud de l'Italie, dans la Calabre; elle est appelée *napolitaine.*

Très-répandu en Angleterre, le porc napolitain a été employé sur une grande échelle dans les comtés de Norfolk et de Suffolk. Il est plus fort, plus long que le porc asiatique, et bien conformé. La viande en est fort estimée.

Cette race d'un facile entretien et d'un engraissement précoce a beaucoup contribué avec les races d'Asie à former les races anglaises dont nous allons parler; elle ne conviendrait pas mieux pour être élevée en France à l'état de pureté que les races asiatiques; mais elle pourrait être utilisée comme les races d'Essex et de Leicester, pour donner des formes plus carrées à nos races communes, à condition qu'on l'emploierait avec les précautions que nous allons indiquer en parlant de ces dernières, qu'on ne chercherait pas à modifier trop profondément nos races.

### III. — *Porcs anglais.*

Les anciennes races anglaises à corps grand, à jambes longues, à côte plate, à soies rudes, n'offrent pour nous aucun intérêt; mais nous pouvons employer avec avantage, pour améliorer nos races indigènes, les races nouvelles, races perfectionnées.

Les Anglais, qui ont des relations si fréquentes avec l'Asie, ont importé les porcs de la mer du Sud avec plus de suite que les autres peuples de l'Europe. Ils ont créé des races qui, par leurs formes et leurs qualités, se rapprochent des races d'Orient, et par leur taille, leur force, ressemblent aux races anglaises. Depuis longtemps ils fournissent des types améliorateurs à l'Allemagne, à la Belgique et à la France.

Parmi les porcs anglais qui sont conseillés et importés pour croiser les races françaises, les uns sont blancs, les autres noirs ou pies : indiquons d'abord les premiers.

Porcs d'York. — Ce comté possédait une race à forte taille, à corps très-long, à poils blancs, nombreux et grossiers, à dos voûté, à reins étroits, à squelette lourd, à côte plate et à jambes longues. Elle a été améliorée et aujourd'hui, dans ses beaux sujets, elle est à dos horizontal, à côte ronde, à os plus fins, à croupe bien garnie de muscles descendant près des jarrets et constituant de forts jambons. La tête est encore forte, mais plus large, à ganaches plus écartées que dans l'ancien type ; les oreilles sont moins larges et les membres plus courts ; les améliorations ont été produites par le régime et par de bons appareillements.

Indépendamment de ces porcs de très-forte taille ressemblant à la race ancienne, quoique bien améliorés, le comté et les contrées voisines possèdent des porcs blancs ayant plus de rapports avec les races orientales; ils sont le résultat du croisement des truies anglaises avec la race napolitaine et le porc blanc de la Chine. Ces porcs, de petite stature, rentrent dans la catégorie des porcs à courtes jambes, et peuvent être utilisés en France comme celui de Leicester dont nous allons parler. Mais la forte variété, la seule qui soit propre au comté d'York, produite par une bonne nourriture distribuée à profusion, a les plus grands rapports avec nos fortes races de la Normandie, de l'Anjou, du Maine ; elle serait bien rarement employée avec avantage pour le croisement des races indigènes : c'est à rendre ces dernières plus épaisses et plus fines plutôt que grandes que nous devons tendre, et il existe en Angleterre des types plus propres à produire ce résultat que celui qui nous occupe.

Le porc d'York se trouve dans le comté dont il porte le nom et dans les comtés environnants. On l'appelle encore *porc du Lincoln.*

Porcs du Leicester. — Petits de taille, très-trapus, corps épais, prenant une très-forte quantité de graisse, ganaches écartées, gorge épaisse, museau droit, oreilles dressées, fines, très-petites, cou très-court, caché entre les épaules, non apparent quand les animaux sont très-gras, poil fin, peu abondant. Ces porcs ne diffèrent de ceux d'Essex (*fig.* 10) que par leur poil blanc et leurs formes un peu plus rondes.

La race du Leicester offre plusieurs variétés; quelques-unes très-petites sont de vraies pelotes de graisse presque dépourvues de soies. Elle a été formée par le croisement de l'ancienne race anglaise à poil blanc avec le verrat blanc de la Chine. Elle est élevée principalement dans le Leicester et dans les comtés voisins; vers le nord on l'appelle *lincoln perfectionnée* ou *york perfectionnée.* C'est le porc anglais qui convient le mieux dans les établissements où l'on veut engraisser les porcs jeunes et où l'on tient au poil blanc. Il parvient rapidement à un très-haut degré d'engraissement, mais il est trop délicat pour les provinces où l'on envoie les porcs dans les pâturages; il ne convient même que rarement pour former des demi-sang : il est trop petit pour couvrir les fortes truies, et ensuite les métis ne prennent pas assez de développement, ont trop de graisse, ne sont pas assez charnus pour les campagnes, ni pour beaucoup de charcutiers des villes ; nous verrons qu'il peut être utilement employé pour produire des porcs n'ayant qu'un quart ou un huitième de sang anglais.

Porc coleshill. — Il diffère peu du précédent; il est petit, bas sur jambes, à soies blanches, et susceptible de prendre beaucoup de graisse. Il provient de l'ancienne race du comté de Berk. « La race de Coleshill formée par lord Radnor a pour avantage principal d'être restée pure de tout mélange depuis plus de 60 ans. » (*Annales de l'Institut agronomique de Versailles.*) Elle est d'un entretien facile. Cette race pourrait remplacer, dans le croisement de nos porcs blancs, celle du Leicester qui, cependant, est mieux connue et plus répandue dans nos pays.

Porc du berkshire — Le porc de ce comté était anciennement le mieux conformé de l'Angleterre; quoique de forte corpulence, il avait un corps épais, trapu, un dos horizontal et des oreilles assez fines ; il était roussâtre avec des taches brunes. Dans ces derniers temps, il a été amélioré ou remplacé par des races nouvelles. Celui que l'on considère généralement comme propre au comté de Berkshire est de taille moyenne, à corps épais, assez trapu, à oreilles dressées. La tête est fine et les os sont grêles en proportion du poids du corps. Il est de couleur pie, plus fort de taille que le porc de Naples et que celui de Siam, qui ont concouru à le former. Il convient, comme le suivant, dont il diffère peu, à l'amélioration de nos races.

PORC DU HAMPSHIRE. — Il ressemble au précédent; dans nos expositions il serait fort difficile de les distinguer l'un de l'autre; tous les deux ont la même taille, une robe noire parsemée de beaucoup de blanc, des oreilles moyennes, dressées, une tête courte et un museau qui se relève (*fig.* 9). On considère cependant le hampshire comme plus fort de taille, à côte plus plate, comme plus rustique et exigeant moins de soins pour se développer.

Fig. 9. — PORC DU HAMPSHIRE.

La race du Hampshire ou celle du Berkshire peuvent l'une et l'autre, mieux peut-être qu'aucune autre race, contribuer à l'amélioration de nos porcs indigènes, de ceux surtout qui sont pies. Des demi-sang provenant du verrat hampshire avec les truies de la Bresse, du Charolais, du Limousin, du Périgord, du Quercy, réunissent à un haut degré la carrure épaisse du type étranger, à la taille, à la rusticité, à la force, à la fécondité des types indigènes.

PORC D'ESSEX. — De taille plutôt petite que grande, à corps très-épais, à dos presque horizontal, un peu convexe, à cou court, à tête fine, à joues larges, à museau pointu, à membres grêles, à soies noires, rares et fines, ce porc est d'un entretien facile et possède une grande aptitude à prendre la graisse (*fig.* 10).

Fig. 10. — PORC D'ESSEX.

L'ancienne race du comté d'Essex était souvent pie, de haute taille, à côte plate, à tête longue et à jambes hautes ; elle a été améliorée par le croisement avec les porcs de la mer du Sud et avec le napolitain. Il n'existe pas de race noire plus estimée que la nouvelle race d'Essex. Elle est très-propre à améliorer les formes de nos porcs pies indigènes, à les rendre trapus, à diminuer le poids des os. Elle produit en raison de son corps épais des métis plus rapprochés du type asiatique que celle du Berkshire ; mais pour cette raison, elle convient moins là où on voudrait améliorer les formes de nos porcs sans diminuer leur taille, leur sobriété, leur aptitude à faire de longues routes.

Utilité des diverses races anglaises. — Nos races sont sobres, rustiques, et fournissent relativement à la graisse beaucoup de viande maigre ; mais toutes ont le corps trop mince et les os trop gros ; on dit aussi qu'elles manquent de précocité, qu'elles sont dures à l'engrais. Elles pourraient être améliorées par elles-mêmes, mais nous avons plus d'avantage à les croiser avec les races déjà perfectionnées et notamment avec celles d'Angleterre que nous venons d'indiquer. Examinons d'abord l'amélioration au point de vue des formes.

*Conformation.* Nous conseillons particulièrement le porc de Leicester pour croiser les races blanches, et ceux du Berkshire, du Hampshire ou d'Essex pour les races noires ou pies, c'est-à-dire pour les contrés où les porcs blancs se vendent difficilement.

Il faut avoir soin de donner aux verrats de ces races étrangères, à ceux du moins qui sont de petite taille, des truies indigènes n'ayant pas encore acquis tout leur développement afin qu'ils puissent les couvrir. On obtient ainsi des métis demi-sang plus forts que les individus de race pure étrangère qui, accouplés avec des produits de pure race indigène, donnent des métis ayant trois quarts de sang français. Ces derniers, forts de taille, bien rablés, trapus, pouvant cependant supporter des courses, s'entretiennent facilement, sont moins coureurs que les porcs indigènes et prennent la graisse avec facilité. Ils fournissent une excellente viande, beaucoup de graisse et sont estimés des charcutiers.

Si nous avions une race porcine étrangère à importer en France pour l'élever à l'état de pureté, ce serait celle du Berkshire et celle du Hampshire qui seraient les plus convenables; du reste, nous les trouvons pures ou peu modifiées, dans un grand nombre d'exploitations de l'Artois, de la Picardie, de l'Ille-de-France; mais pour la plupart des fermes de l'Est, du Centre et du Midi, elles sont trop trapues et ne doivent être importées que pour croiser celles qu'on y élève.

D'après les métis que nous avons vus dans le Morvan, le Nivernais, le Charolais, la Bresse, le Quercy, le Limousin, nous croyons ce croisement utile ; seulement il ne faut l'employer que pour rendre les races de ces provinces un peu plus épaisses de poitrine, plus larges de lombes, et plus legères de tête. Les métis qui ont peu de sang étranger sont mieux conformés que les porcs indigènes, ont plus de nature et conservent assez de force, de rusticité, de sobriété pour réussir dans les fermes où les porcs sont soignés comme des animaux domestiques doivent l'être : par un seul croisement, dans une saison, on peut obtenir cette *sorte* parfaite pour nos pays avec plus de certitude que par des années de soins donnés au régime et aux appareillements.

*Précocité.* A nos yeux l'emploi des races perfectionnées doit avoir pour but d'améliorer la conformation de nos races pour les rendre d'un entretien plus facile, et pour diminuer le poids des parties du corps qui ont le moins de valeur. Nous savons que, pour beaucoup d'agronomes exprimentés, le croisement doit encore et surtout donner la précocité.

Sans entamer une discussion superflue, nous dirons qu'il ne faut pas compter sur cet effet du croisement de nos races avec les races perfectionnées, car celui qui espère obtenir des métis précoces en croisant, et qui ne nourrit pas aussi abondamment que s'il voulait obtenir ce résultat seulement par le régime, fait des frais inutiles.

La précocité est surtout précieuse dans le porc qui ne donne ni travail, ni laine, ni beaucoup de fumier, qui ne paye son entretien qu'après sa mort et par sa viande, mais elle résulte beaucoup moins de la race que de la nourriture et du mode d'entretien; plus que les autres animaux, tous les porcs sont précoces quand ils sont bien nourris, car ils sont naturellement très-voraces, comme les animaux carnassiers, ils sont portés à se reposer quand ils ont pris leur repas, et ont une grande aptitude à faire de la graisse.

---

# CHAPITRE IV.

## De l'entretien du Porc.

### § I. — De la porcherie.

Le porc aime beaucoup la propreté; de tous les animaux domestiques il est le seul qui, libre, ne dépose ses excréments ni sur sa litière, ni même dans son habitation. C'est le besoin de se débarrasser des corps qui l'incommodent, de nettoyer sa peau, qui le porte à rechercher l'eau, et même à se vautrer dans la boue. Nous interprétons mal son instinct, quand nous le considérons comme recherchant par goût la malpropreté.

On appelle porcherie, l'habitation du porc. Dans les grands établissements, la porcherie doit être composée d'une cour et de loges ou toits à porcs; mais une loge constitue à elle seule la porcherie, dans les exploitations où l'on ne tient que deux ou trois porcs.

TOIT A PORC. — Pour loger deux porcs que l'on élève et que l'on engraisse, ou une truie nourrice et ses petits, la loge doit avoir 3 m, 50 de longueur sur 2 de largeur. Elle sera toujours en maçonnerie solide, et bien pavée. La porte doit se trouver sur un des côtés étroits, et le sol être divisé en deux parties : celle qui est opposée à la porte, comprenant 2 mètres sur la longueur, et formant par conséquent une surface de 4 mètres, destinée à servir de lit de camp et à recevoir la litière, doit être élevée de 18 ou 20 centimètres de plus que l'autre : celle-ci sera bien unie, et aura une pente d'un centimètre par mètre pour l'écoulement des urines.

Dans quelques pays de montagne, le sol est à peu près uni, et le lit de camp est en madriers cloués sur deux pièces de bois mises en travers dans la loge ; mais la poussière pénètre au-dessous et les ordures s'y accumulent. L'autre disposition est préférable. Dans les loges disposées en lit de camp, les porcs sont toujours couchés proprement : ils déposent leur urine et leurs excréments dans l'espace de 1 m, 50 qui est du côté de la porte, et dans lequel on place les auges; l'eau qu'ils répandent en mangeant tombe également dans cette partie et ne mouille pas la litière. Celle-ci se brise, noircit, mais reste toujours sèche. Il suffit de la renouveler tous les huit jours pour que les porcs soient très-bien. A la rigueur, on peut même la laisser plus longtemps.

Dans la Bresse les toits à porcs sont quelquefois perchés sur quatre piliers en maçonnerie. Le plancher est en lattes ou en planches percées de trous, de manière cependant à ne pas laisser passer les pieds des animaux ; l'urine, et l'eau qui se répand des auges tombent à travers les ouvertures, et les animaux sont toujours sèchement; le dessous de la loge est disposé de manière à s'égoutter et à pouvoir être facilement nettoyé.

Nous avons vu dans une sucrerie de l'Oise une porcherie dont les loges sont placées sur des fosses, et en sont séparées par des lattes; les urines tombent dans les fosses où elles sont absorbées par des cendres de tourbe qu'on y jette tous les jours. De cette manière on prépare sans paille un bon engrais. Malgré cet avantage nous ne recommandons pas ce système.

La même loge peut, sans inconvénients, servir à trois ou quatre porcs; mais quand on a un plus grand nombre de ces animaux, il est plus avantageux de les diviser, de les mettre dans des loges séparées par deux, par trois au plus : ils sont plus tranquilles et s'engraissent plus vite.

Exposition. Les porcs craignent les extrêmes de température, mais surtout les fortes chaleurs, qui sont très-nuisibles aux porcs gras. Les loges doivent être exposées au nord plutôt qu'au midi. Au moyen d'une bonne litière, et en fermant bien les ouvertures, on parvient toujours à préserver les porcs du froid, ce qui est très-important pour les porcelets.

Les loges pour les porcs à l'engrais peuvent être placées sous une toiture commune, à droite et à gauche d'un corridor dont une extrémité correspond au local destiné à la préparation des aliments : la distribution de la nourriture se fait ainsi très-commodément; mais pour les mères et pour les élèves elles doivent être placées autour d'une cour. De cette manière on a plus de facilité pour faire prendre l'air et un peu d'exercice aux animaux.

Ouvertures. Quand les loges sont placées le long d'un corridor, sous une toiture commune, elles ne sont, le plus souvent, formées que par des murailles de 1m, 80 à 2 mètres de hauteur : alors il est facile de les aérer. Si elles sont complétement fermées, on y réservera, outre la porte, une ouverture pour le renouvellement de l'air.

Il importe de fermer la porte avec des ventaux divisés dans

le sens de la longueur. En été, on ne ferme que la partie inférieure de chaque battant de cette porte, et la partie supérieure sert de fenêtre.

On sait que les porcs habitués à sortir, remuent la porte et l'ouvrent avec leur groin, si elle n'est fermée qu'avec un verrou ordinaire. Pour prévenir cet inconvénient, il faut fermer les portes avec des loquets pourvus d'un crochet, ou avec un verrou à crochet. Avec une bonne fermeture, des portes ordinaires, tournant sur des gonds, nous paraissent préférables aux portes qui glissent, de haut en bas, dans une coulisse et qu'on n'ouvre qu'en les soulevant.

Quand on peut livrer à chaque truie une loge s'ouvrant dans une petite cour, il faut mettre à la loge une porte qui s'ouvre en dedans et en dehors; la truie apprend à l'ouvrir en la pressant avec son museau. De cette manière, elle entre et elle sort à volonté.

Licol a porcs. — Quand les porcs ont été habitués à être attachés jeunes, il est aussi facile de les maintenir en place, au moyen d'un licol en collier, que les grands animaux. Nous conseillons ce moyen aux petits cultivateurs qui ne veulent pas faire les frais de la construction d'un logement convenable pour le porc qu'ils entretiennent.

Cours a porcs. — Quand on a des mâles et des femelles, plusieurs loges sont nécessaires; il en faut une pour chaque femelle prête à mettre bas, une pour chaque nourrice et une pour le verrat. Il faut en avoir ensuite de plus grandes pour les porcelets sevrés et pour les élèves, afin de pouvoir séparer les âges et les sexes si l'on ne pratique pas la castration dans le premier âge de la vie.

Si, indépendamment de la cour, on a un verger dans lequel on lâche les truies et leurs petits, les animaux s'en trouvent très-bien.

Auges. — Chaque loge sera pourvue de deux auges, une principale qui aura 1 mètre ou $1^{m},10$ de longueur, de 30 à 35 centimètres de largeur, et de 15 à 20 de profondeur. Autant que possible on la placera dans le mur, de manière que le porcher puisse distribuer la nourriture du dehors, et dans ce cas on lui donnera une largeur suffisante. La moitié correspondant à l'extérieur devra être pourvue d'un couvercle à charnières qu'on pourra ouvrir et fermer à volonté. Cette disposition est de rigueur.

Dans sa longueur, l'auge sera divisée en deux ou trois compartiments, selon qu'elle devra servir à deux ou trois porcs, au moyen d'une pierre ou d'une pièce de bois. Les séparations ne devront pas descendre jusqu'au fond de l'auge ; il faut que la nourriture puisse se mêler; mais il faut aussi que chaque porc mange tranquillement dans son coin ; avec cette disposition, les animaux profitent mieux de leur nourriture. On obtient le même résultat en couvrant la partie de l'auge qui correspond à l'intérieur de la loge d'une planche à laquelle on a pratiqué des ouvertures assez grandes pour que les porcs puissent y passer la tête; chaque bête adopte une de ces ouvertures.

La seconde auge, destinée à recevoir les grains, les glands les châtaignes, sera en dedans de la loge et plus petite que celle que nous venons de décrire. Elle devra être fixée solidement, afin que les porcs, en cherchant à fouiller, à ramasser le grain qu'ils laissent échapper, ne puissent la renverser.

Les *auges* sont quelquefois placées hors de la loge sous un auvent ou appliquées contre un mur, et pourvues d'un couvercle qu'on baisse et qu'on lève à volonté; mais il est peut-être plus convenable de les placer, comme nous venons de le dire, dans l'épaisseur du mur, au ras du sol, ou élevées de 15 à 20 centimètres. Par cette disposition, on peut verser la nourriture sans entrer dans le toit à porc, et les animaux prennent leur repas sans sortir de leur habitation. On peut également, sans mouiller la loge et sans déranger les bêtes à l'engrais, nettoyer les auges à volonté.

Avec cette disposition adoptée pour les porcs à l'engrais, on a encore la facilité de livrer, tous les matins, les auges aux porcs maigres qui, sans entrer dans les loges, mangent ce que les porcs gras ont refusé. Il n'est pas même nécessaire de nettoyer les auges.

On fait aujourd'hui des auges en fonte : elles font beaucoup d'usage, sont faciles à tenir propres et ne reviennent pas à un prix très-élevé.

On a préconisé, en Angleterre, une auge ronde; elle représente un disque de 80 centimètres à 1 mètre de diamètre; l'intérieur est divisé en huit ou dix compartiments, au moyen de cloisons qui partent de la circonférence et convergent vers le centre où elles sont réunies. Cette auge se place au milieu d'une cour et peut servir pour distribuer la nourriture à de jeunes porcelets; elle est en fonte, peut être facilement déplacée, et n'est pas sujette à se renverser.

Accessoires. — Dans les grandes porcheries on doit avoir beaucoup d'eau, si cela est possible un *robinet* qui en fournisse dans chaque loge pour faciliter les lavages. Un *bassin* à portée de la porcherie est de la plus grande utilité; les abords doivent en être disposés de manière qu'on puisse faire prendre facilement des bains aux porcs de tout âge. Il faut que l'eau puisse en être renouvelée à volonté ou qu'elle se renouvelle sans cesse.

Convient-il de laisser les porcs libres dans la cour à fumier? Dans les fermes où l'on n'enlève le fumier des étables que lorsque la litière est imbibée d'excréments, cela peut avoir des inconvénients; mais dans les établissements où la paille est enlevée encore sèche, des porcs qui la piétinent et l'arrosent, améliorent le fumier. Toutefois, il ne faudrait pas compter pouvoir se dispenser d'avoir des loges; les porcs laissés en plein air souffrent des pluies, surtout des neiges et des chaleurs. Ils contractent, malgré qu'ils soient échauffés par le fumier, des maladies de la plèvre et du péricarde, des hydropisies et des angines.

*Abattoir.* A mesure qu'on reconnaît les avantages de nourrir les porcs avec de la viande, les établissements où l'on abat des chevaux pour le service de la porcherie se multiplient. Pour ne pas laisser perdre des produits, pour faciliter le nettoyage et prévenir les mauvaises odeurs, on doit destiner à l'abattage des chevaux un espace imperméable garni de dalles ou d'asphalte, et disposé de manière qu'on puisse ramasser le sang pour le faire boire aux porcs. Il faut aussi que les eaux de lavage s'écoulent facilement; il y a des inconvénients en été, quand le temps est pluvieux, à faire consommer la viande sur le fumier ou sur un pavé qui ne pourrait pas être facilement nettoyé. C'est une cause d'infection et de perte de beaucoup de substances alimentaires.

*Cuisine.* La nourriture des porcs pourrait être préparée, à l'aide d'un fourneau ordinaire, dans une chaudière pourvue d'un couvercle fermant hermétiquement; cependant il est beaucoup plus avantageux de la faire cuire à la vapeur. On a une chaudière dans laquelle on chauffe l'eau et d'où part un conduit qui mène la vapeur dans un vase en bois fermant exactement, et dans lequel on place les substances que l'on veut faire cuire. L'appareil peut être très-simple et très-économique; dans quelques établissements, on emprunte la vapeur à la chaudière d'une machine destinée à un autre usage.

A côté de la chaudière, seront disposés deux ou trois tonneaux destinés à recevoir les matières qui ont subi la cuisson. On y prépare la nourriture pour les porcs, en ajoutant ici de la farine, là de l'eau, selon que l'on veut plus ou moins nourrir

## § 2. — De la nourriture.

### I. — *Nourriture à la porcherie.*

Les restes du ménage, les eaux grasses, peuvent suffire pour la nourriture des porcs, quand nous en élevons seulement pour la consommation de la ferme; généralement, on n'ajoute aux lavures et au petit-lait que les criblures, les débris du jardinage et les mauvais fruits du verger.

Mais si l'on s'occupe de l'éducation des porcs en grand, qu'on les multiplie, il faut chercher la base principale de la nourriture des animaux adultes dans les produits de l'agriculture, à moins que l'on ne dispose de certains aliments particuliers, comme les résidus de quelques fabriques.

On nourrit les porcs avec des substances végétales ou avec des débris d'animaux.

Substances végétales. — La plus grande partie de nos

porcs sont nourris avec des substances végétales : au printemps, avec les feuilles de *choux*, les *vesces*, les *fèves* dans le Midi ; en été, avec le *trèfle*, la *luzerne*, le *sainfoin*, les *pois*, la *chicorée*, les *laitues*, les *feuilles d'arbre* même, et la plupart des herbes des jardins et des prés.

Les céréales en herbe, le maïs et les plantes cultivées pour le ménage conviennent également.

Les fanes des carottes, celles des betteraves sont très-utiles pour l'été, et même, si l'on a semé les betteraves un peu épais, il est avantageux d'en arracher pendant le mois d'août. On se procure une bonne nourriture pour les porcs, et les racines qui restent grossissent davantage.

Les plantes à larges feuilles, cultivées dans les jardins ou venues spontanément dans les prés et le long des ruisseaux, les *laitues*, les *patiences*, les *consoudes*, l'*oseille*, propres à nourrir les porcs en été, sont bien connues pour la plupart; nous signalerons seulement le *dahlia*. Cette belle plante, si facile à propager, si robuste, et qui prend un si grand développement, peut, après avoir embelli nos parterres, payer les frais de sa culture par ses fanes, ses tiges et ses feuilles. Les porcs mangent ces parties avec avidité et s'en trouvent très-bien. Les tubercules, qu'on ne replante jamais en totalité, peuvent remplir le même usage.

Le *sarrasin*, qui prospère si facilement, en été, en culture dérobée, que les porcs mangent bien, et que Viborg a particulièrement conseillé, ne convient pas cependant, comme nourriture ordinaire, à cause des engorgements qu'il produit à la tête des porcs qui le consomment. En 1847, trois porcs de la porcherie de l'école d'Alfort, sont soumis à l'usage du sarrasin le 28 août; le plus gros, qui avait la tête et les oreilles blanches, présente aux oreilles, vingt jours après, le 18 septembre, des boutons entourés d'une auréole rose; les jours suivants, il se frotte, les boutons se transforment en plaies qui se couvrent de croûtes et ne disparaissent que quelques jours après. Pendant les premiers jours de l'expérience, la température était peu élevée et le temps pluvieux. Le sarrasin n'a produit cet engorgement qu'après sept jours de chaleur et de sécheresse. En septembre 1853, deux porcs, dont un avait les oreilles blanches et l'autre une seule de cette couleur, sont soumis également à l'usage de cette plante. Huit jours après, les trois oreilles blanches sont engorgées, couvertes en partie de boutons et de plaies. Quoique ces effets ne se montrent pas constamment, on ne saurait conseiller de cultiver le sarrasin, dans le but de le faire consommer en fourrage vert.

Pendant la mauvaise saison, l'entretien des porcs serait dispendieux, mais c'est le moment de les engraisser. D'ordinaire on n'a à entretenir que les truies conservées pour la reproduction et les jeunes porcelets. Pour ces derniers, les aliments que refusent les porcs à l'engrais forment une ressource précieuse.

Les porcs mangent les légumineuses, la luzerne, le trèfle desséché. Il y a des cultivateurs qui font sécher des plantes en été pour nourrir économiquement leurs porcs pendant l'hiver : ils les donnent hachées et mêlées à des grains moulus, concassés, ou à du son, à de la farine, le tout arrosé d'eau bouillante.

A défaut de nourriture plus économique, on donne aux porcs des pommes de terre, des topinambours, des panais, des raves, mais en petite quantité quand ils ne doivent être engraissés que l'automne suivant. Les fruits des cucurbitacées, quelquefois assez abondants et difficiles à conserver, peuvent aussi être utilisés pour l'entretien de ces animaux.

Préparation. — Le plus souvent on donne au porc les végétaux herbacés à l'état naturel, mais il peut être avantageux de leur faire subir certaines préparations : la cuisson, la fermentation ou même le simple mélange rendent le trèfle et la luzerne plus alimentaires et plus salubres. Quand on tasse les plantes, qu'on les laisse fermenter pendant un certain temps, après y avoir mêlé un peu de tourteaux ou de farine, on forme une très-bonne nourriture; les porcs mangent ainsi préparées, des plantes qu'ils refusent dans l'état naturel.

Lorsqu'on fait ces diverses préparations, ou que l'on soumet à la cuisson les végétaux destinés aux porcs, il faut les trier avec soin, ne pas s'en rapporter à l'instinct de ces animaux : ils ne s'empoisonnent pas avec des végétaux crus ; nous avons plusieurs fois fait distribuer avec de bonnes herbes, des pavots, de la morelle, de la jusquiame, de la mercuriale, et constamment elles ont été triées et refusées ; tandis que les exemples d'empoisonnement par des plantes cuites, ne sont que trop nombreux.

SUBSTANCES ANIMALES. — Les *résidus de la laiterie,* le lait de beurre, le lait écrémé, le petit-lait, sont très-bons pour les truies et pour les porcelets. Les pays à vaches et à laitage sont toujours des pays à porcs. Ces résidus, comme les eaux de la vaisselle, servent souvent de condiments à l'aide desquels on fait consommer d'autres aliments.

La *viande* n'avait pas été jusqu'à ces derniers temps usitée pour nourrir les porcs en grand. On croyait même que la chair des animaux malades, des chevaux abattus dans les villes, était insalubre, et que la viande des porcs qui l'avaient consommée devait être de mauvaise qualité, nuisible à la santé de l'homme. L'expérience a prouvé le contraire ; il n'est pas même nécessaire de faire cuire les chevaux pour les purifier avant de les faire manger aux porcs. La porcherie fondée à l'école d'Alfort par M. Yvart, et beaucoup d'établissements que l'on trouve aux environs de la capitale et de plusieurs villes de province, prouvent que ces animaux peuvent être sans inconvénients entretenus avec de la chair, et même avec de la chair d'animaux morts de maladies contagieuses.

Nous avons pu observer les effets de la viande à la porcherie de l'école d'Alfort de 1843 à 1853. Les truies destinées à la reproduction et les élèves étaient nourris d'une manière souvent exclusive avec de la viande : les chevaux étaient abattus sur le fumier et grossièrement dépecés ; les porcs mangeaient indistinctement la chair musculaire, les viscères, le foie, le poumon et les intestins. Ils en prenaient à discrétion d'abord et ensuite ils rongeaient les carcasses jusqu'au dernier morceau de chair ; ils recherchaient toujours de préférence les parties les plus faciles à détacher. Le sang caillé ou liquide leur profite beaucoup, et dans une porcherie où l'on veut abattre des animaux pour nourrir des porcs, il ne faut pas négliger de disposer le sol de l'abattoir de manière que le sang ne soit pas perdu ; il peut être avantageux de tuer les chevaux sans effusion de sang, afin que les porcs trouvent dans le cadavre ce liquide en caillots.

Les porcs préfèrent la viande à toute autre nourriture ; ceux de l'école ne mangeaient du regain, des betteraves que lorsqu'ils étaient privés de substances animales. Je n'ai jamais vu que cette nourriture les ait incommodés, cependant ils rendaient quelquefois les intestins de cheval non digérés ; d'autres fois leurs excréments étaient semblables à du sang en partie putréfié ; mais cette diarrhée, suite d'une espèce d'indigestion, était de très-courte durée.

Les porcs nourris avec de la viande crue ne réclament aucuns soins particuliers ; il suffit de tenir à leur disposition de *l'eau fraîche ;* ils en prennent de très-fortes quantités.

Pendant les dissections en hiver, et les opérations en été, les porcs de l'école étaient presque exclusivement nourris avec de la viande qu'ils recevaient, du reste, d'une manière très-irrégulière.

Avec ce régime, nous n'avons observé aucune maladie qui puisse lui être attribuée. La maladie de la gorge, qui avait fait, vers 1839, 1840, de grands ravages dans la porcherie, ne s'est montrée, pendant les onze années dont nous parlons, qu'avec moins d'intensité, et toujours vers la fin du mois d'août, alors que l'usage de la viande, après avoir été continué tout l'été, avait cessé depuis quatre ou cinq jours. Nous avons toujours pensé que cette affection était due, en grande partie, à la fraîcheur de la nuit, succédant à la chaleur du jour. Dans tous les cas, elle ne saurait être attribuée à la nourriture animale.

La *strangulation* est le seul accident à craindre, par suite de l'usage de la viande : un porc de trois mois mange à un cadavre ; tout à coup, il fuit avec précipitation, tombe et meurt. A l'ouverture du cadavre, je trouve un morceau de viande conique dans le pharynx. L'estomac contenait des morceaux semblables. Depuis cette époque, le même fait s'est produit sur des porcs de 6 mois, de 8 mois, de 11 mois, sur des truies de 14 mois. Les morceaux de viande étaient peu volumineux : un, du poids de 65 grammes a asphyxié un porc de 40 kilogrammes. J'ai vu chez mon père un accident semblable à ceux que nous signalons, produit par une pomme de terre cuite.

Toutefois, ces accidents sont assez rares, ils se sont montrés plus souvent quand nous distribuions les débris provenant des salles de dissection, de la viande coupée en petits morceaux, et quand les porcs pressés par la faim se jetaient sur la viande, l'avalaient avec gloutonnerie.

Nous avons toujours trouvé les animaux morts quand nous les avons vus. Si on s'apercevait à temps de la cause du mal, on pourrait avec des pinces assez longues retirer la viande par la bouche.

On a reproché aux substances animales de rendre les porcs voraces et féroces; ce reproche n'est pas fondé. Le porcher à l'école a eu, pendant un certain temps, des poules, des canards et des pigeons; ces animaux étaient constamment avec les porcs, les petits poulets montaient sur les truies couchées sur le fumier, et il n'y en a jamais eu de dévorés. Des porcs de différentes races ont été entretenus à la porcherie, et à cet égard, ils se ressemblaient tous. Nous croyons que les exemples de voracité, observés trop souvent dans nos campagnes, proviennent de ce que les porcs ne sont pas assez bien nourris.

### II. — *Nourriture au pâturage.*

On fait le plus souvent pâturer les porcs en liberté, presque toujours avec les autres animaux domestiques.

On pourrait à la rigueur les faire paître au *piquet,* mais ce moyen, peu praticable, ne peut être mis en usage qu'en petit. On l'emploie dans quelques pays où l'on attache des porcs au pied des pommiers : en remuant la terre, ils la rendent perméable aux fluides de l'atmosphère et favorable à la végétation des arbres.

On *entrave* quelquefois les porcs que l'on fait pâturer. Il suffit de placer à leur cou une courroie portant une barre qui pend en travers devant le poitrail pour les retenir, les empêcher de traverser les haies et les palissades. D'autres fois on leur met, dans le même but, un collier formé de trois pièces de bois attachées ensemble, de manière à laisser entre elles un espace qui embrasse le cou. On laisse à ces pièces une longueur suffisante pour qu'elles dépassent le cou et les épaules de 15 à 20 centimètres.

On conduit les porcs dans les marais, dans les bois, dans les prés, dans les prairies artificielles et dans les terres en culture.

Ces animaux résistent à la mauvaise influence des *marais ;* ils trouvent dans ces lieux, des feuilles, des racines, des insectes, des vers qui les nourrissent.

Ce ne sont pas les *prairies naturelles* qui conviennent le mieux pour faire paître les porcs ; on ne doit y conduire que ceux qui, ayant le groin bien bouclé, ne fougent pas ; mais ils ne peuvent alors ni prendre les animaux nuisibles, ni arracher les racines dont ils auraient besoin pour se nourrir. D'un autre côté, les graminées avec leur tige grêle, leurs feuilles étroites, conviennent peu pour la nourriture des porcs. Les *prairies artificielles*, les tréflières, les luzernières leur sont beaucoup plus appropriées.

Les porcs vont en automne dans *les bois* de châtaigniers, de chênes, de hêtres; ils se nourrissent de châtaignes, de glands et de faînes. Ces fruits commencent même l'engraissement, mais les premiers sont meilleurs que les autres.

Les épis qui ont échappé aux moissonneurs servent aussi à entretenir les porcs pendant quelques semaines, si l'on a soin de conduire ces animaux dans les *éteules,* de suite après la levée des gerbes.

Le régime du pâturage pour le porc est avantageux dans les lieux où les terrains vagues sont étendus. Dans la Calabre, un seul homme garde un grand nombre de ces animaux : il les dirige, et s'en fait suivre sans peine, au moyen de sa cornemuse. Dans les Pyrénées un enfant en garde 60, 80 et quelquefois plus.

Dans la Caroline du Sud, on laisse les porcs libres dans les bois; ils ne rentrent, à la maison du propriétaire qu'une fois par semaine, le samedi, à six heures du soir; mais ils ne manquent jamais de venir chercher la poignée de maïs qu'on leur distribue régulièrement ce jour-là. On profite de ce moment pour les marquer, et pour retenir ceux qu'on veut égorger la semaine. « J'étais émerveillé, dit le digne Bosc, toutes les fois que j'assistais à leur arrivée. Les porcs passent toute leur vie dans les bois; ils s'y nourrissent et s'y engraissent même, car l'engraissement artificiel est inconnu dans le pays. Quoique les animaux soumis à ce régime souffrent de la faim, de la soif, du froid, leur entretien est avantageux : il fait rapporter des terrains qui resteraient stériles. »

Dans quelques provinces de l'Amérique où les terrains ont peu de valeur, les cultivateurs livrent aux porcs *des champs de pommes de terre.* Au moyen de barres, de claies, on divise ces champs en divers compartiments, qu'on livre successivement aux animaux : on ne prend d'autres précautions que celle de placer dans ces parcs des auges et de l'eau pour servir de boisson.

Les champs où nous avons récolté des pommes de terre devraient toujours être livrés aux porcs : ceux encore maigres qu'on y conduit, recherchent avec avidité les tubercules qu'on n'a pas ramassés; ils profitent ainsi d'un produit que le froid aurait détruit, ou qui aurait nui à la récolte subséquente.

### III. — *Nourriture par un régime mixte.*

Ce régime est le plus usité en France, du moins par les cultivateurs qui ne considèrent l'entretien du porc que comme une industrie très-secondaire. On fait conduire ces animaux dans les champs, dans les prés, dans les vergers, et dans les terres labourées, où ils détruisent les insectes, les herbes nuisibles, tout en divisant les mottes de terre avec leurs pieds.

On considère rarement la nourriture que les porcs prennent dehors comme suffisante; on leur donne, quand ils rentrent, des lavures, du petit-lait, de l'eau à laquelle on a ajouté une poignée de son ou de farine, des racines cuites et écrasées, des orties, des feuilles de choux, des pelures.

### § 3. — Des bains, des lotions et du bouclement.

Les porcs aiment la propreté, et en ont besoin. L'observation a toujours démontré que ces animaux ne réussissent jamais bien dans les ordures : il faut laver les auges et changer la litière très-souvent. Chabert rapporte qu'il a préservé ses porcs d'une épizootie meurtrière et générale qui régnait dans le pays, en faisant laver tous les jours les pavés de la porcherie, située au nord, et en laissant coucher les porcs tous les soirs, durant le règne des chaleurs, dans une cour. On ne doit pas cependant oublier que les porcs craignent le froid, l'humidité; et qu'une nuit fraîche, après les fortes chaleurs du jour, peut leur occasionner des vomissements, la diarrhée, des rhumatismes, la goutte, des angines.

On doit débarrasser la peau de la poussière et de la boue; à cet effet, il faut peigner, bouchonner les porcs et les laver souvent à l'eau tiède. Ces précautions sont difficiles quand on a un grand nombre d'animaux; mais alors il ne faut pas calculer la petite dépense que peut coûter l'établissement d'une mare, si l'on n'a pas dans le voisinage une eau où l'on puisse leur faire prendre des bains. La malpropreté de la peau engendre des insectes, produit des démangeaisons sur tout le corps, notamment aux oreilles.

Par l'emploi de ces moyens, par une litière souvent renouvelée, et par une bonne nourriture, on rend inutiles les applications de goudron et de térébenthine qui ont été conseillées, et qui souvent irritent la peau sans produire l'effet qu'on en attend.

LOTIONS. — Elles sont nécessaires pour tenir les porcs proprement et pour en faciliter l'engraissement. Les Anglais en pratiquent même sur les porcelets. Des lotions, avec de l'eau tiède ou avec de la lessive, de même que des lavages au savon, forment le meilleur moyen de détruire les insectes et de faire disparaître les diverses causes de prurit.

Les BAINS sont salutaires au porc; ils le rafraîchissent, en été, et préviennent les maladies, généralement fort graves, auxquelles il est exposé pendant les chaleurs. Les porcs nagent très-bien et se baignent avec plaisir : il suffit pour les y habituer, lors même qu'ils ont été élevés sans être familiarisés avec l'eau, de jeter sur un étang des châtaignes desséchées ou d'autres corps légers, pour lesquels ces animaux ont de l'avidité ; ils se mettent aussitôt à nager pour aller les chercher.

« Les cochons de Maurs, disait le professeur Grognier, sont lavés trois fois par jour. J'ai vu, autour de la fontaine publique de Maurs, 25 à 30 femmes, autant d'enfants, armés de vases de différentes formes et dimensions, occupés à laver leurs cochons, qui paraissaient prendre plaisir à cet exercice. Toujours propres, toujours nets, débarrassés des insectes aptères, les porcs sont sains et vigoureux. La ladrerie ne les attaque jamais. Ce qui se pratique à Maurs nous l'avons vu mettre en usage dans le Rouergue, et en particulier dans la localité où nous sommes né, avec l'eau des fossés qui entourent la ville et dans lesquels on fait nager les porcs. »

Bouclement, ferrure du porc. — Cette opération est connue de tout le monde. On la pratique de différentes manières. Pour l'effectuer, après avoir assujetti le porc, et lui avoir attaché les mâchoires pour l'empêcher de crier et de mordre, on passe dans le groin deux morceaux de fil de fer, un de chaque côté du plan médian, portant une boucle à l'une de leurs extrémités ; on fait former un anneau au fil, et on le fixe, en passant dans la boucle l'extrémité libre qu'on replie sur elle-même.

Au lieu de fil de fer, on emploie quelquefois deux lames du même métal, étroites, battues à chaud, pointues à une extrémité, et portant une boucle à l'autre (*fig.* 11) ; ces lames, plus ou moins tranchantes, produisent plus d'effet que les fils d'archal.

Ailleurs, on passe dans le groin, une petite lame de fer, portant à chaque bout deux pointes en forme de flèche qui piquent le porc lorsqu'il veut fouger.

Les porcs s'habituent, à la longue, à la douleur produite par les corps qu'on a employés pour les boucler, et le bouclement cesse alors de les empêcher de remuer la terre : on renouvelle l'opération, qui est toujours peu dangereuse.

Pour obvier à cet inconvénient, M. Blavette conseille (1) d'employer une petite lame de fer recourbée en anse dans son milieu (*fig.* 12), et formant de chaque côté une branche aplatie, carrée ou arrondie et longue de 1 décimètre environ; ces branches sont terminées en pointe mousse et contournées en arc; elles portent chacune à la base de l'anse qui doit embrasser le groin une ouverture par où l'on passe une clavette. La clavette retient l'appareil en place et les branches appuient contre le sol lorsque l'animal veut fouger. L'anse doit être proportionnée au volume du groin ; elle ne s'use jamais et produit toujours son effet.

Fig. 11. Fig. 13.

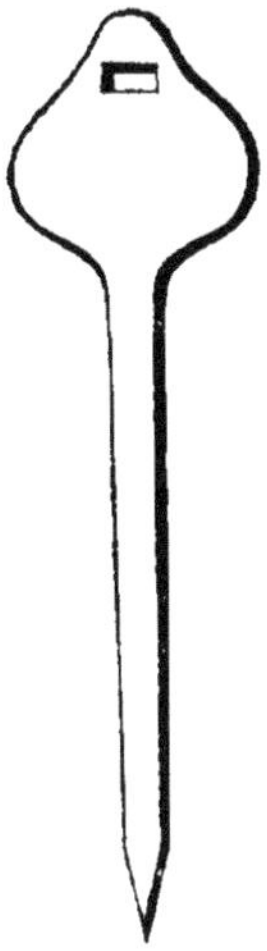

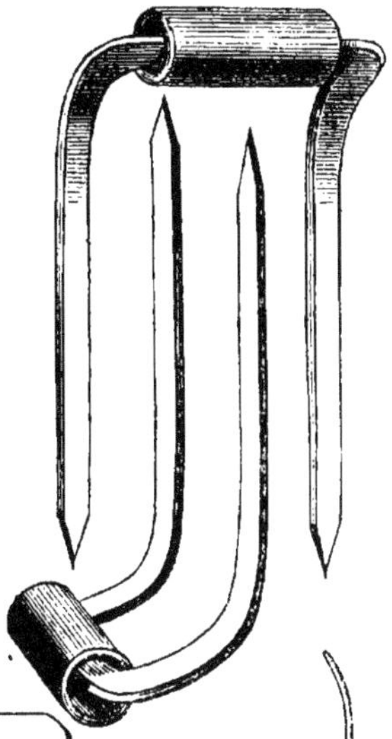

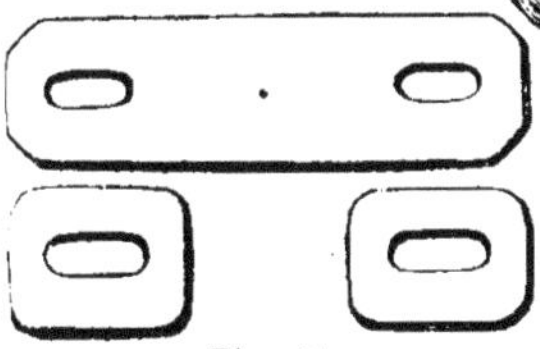

Fig. 14. 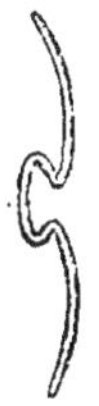 Fig. 12.

Le docteur Bardonnet des Martels décrit de la manière suivante un procédé de bouclement usité en Bretagne. L'opération est pratiquée au moyen d'une armature à double lame (*fig.* 13) qui présente un corps et deux branches. « Le *corps* formant un axe cylindrique, long de 28 millimètres autour duquel roule un anneau très-mobile d'une longueur à peu

(1) *Mémoires de la Société vétérinaire des départements du Calvados et de la Manche*, n. 4, p. 48.

près égale à celle du corps, sert de point d'union aux deux branches.

« Les *deux branches,* longues de 55 à 60 millimètres, larges de 5 millimètres et de 1 d'épaisseur, sont aplaties et très-pointues, ce qui dispense d'employer une alène pour percer le bourrelet du groin.

« A leur jonction au corps, les deux branches sont courbées sur leur face la plus large, de manière à représenter un arc de 5 à 6 millimètres de rayon. Cette courbure est nécessaire pour pouvoir appliquer solidement l'appareil, en faisant que l'anneau mobile déborde de 3 à 4 millimètres l'extrémité centrale du groin.

« Voici de quelle manière on placera cette armature : avant d'opérer, on devra la présenter sur le groin, afin d'y marquer la place de chaque branche, surtout si on se sert d'une alène pour percer le bourrelet. Dans le cas où l'on n'aurait pas besoin de cet auxiliaire, l'opérateur fera pénétrer les deux branches à la fois dans la face inférieure du groin, à 1 centimètre du bord libre et à côté des ouvertures des naseaux, de manière que l'anneau mobile corresponde au centre du bourrelet et le déborde de 3 à 4 millimètres, ainsi que nous l'avons déjà observé.

« Immédiatement après, l'opérateur engagera dans les deux branches un morceau de cuir épais (*fig.* 14) de 45 millimètres de longueur et de 15 de largeur, sur lequel il contournera plusieurs fois, à l'aide d'une pince ronde, l'extrémité excédante des branches, de manière à assujettir très-solidement l'appareil en empêchant toute mobilité, ce qui est d'une obligation indispensable.

« *Cette armature peut être faite en fil d'archal,* de 2 millimètres de grosseur ; seulement on aura soin d'aplatir les branches, sans cela elles déchireraient le bourrelet. L'anneau sera fait également en fil d'archal roulé en spirales très-rapprochées ; il faudra avoir l'attention de faire recuire au feu le fil d'archal avant de l'employer, afin de le rendre plus doux. »

Après avoir représenté et décrit ces appareils dans le *Dic-*

*tionnaire de médecine et de chirurgie vétérinaires* qu'il publie avec son collègue M. H. Bouley, M. Raynal dit avec raison : « Il est juste de reconnaître, avec les auteurs qui ont imaginé les armatures dont je viens de parler, qu'elles sont plus solides et qu'elles durent plus longtemps que les autres moyens de bouclement ; il faut dire cependant qu'elles ont l'inconvénient de n'être pas partout à la disposition des éleveurs, de demander l'intervention d'un forgeron et de coûter beaucoup plus cher que le simple clou de maréchal ou le fil d'archal.

« En outre, comme ces appareils compliqués sont souvent placés par des mains inhabiles, on est plus exposé à blesser l'os du boutoir que par les appareils ordinaires, aussi je n'hésite pas à donner la préférence à ces derniers. A l'Exposition universelle de Paris, les procédés simples de bouclement avec le fil d'archal étaient les plus nombreux. »

SECTION DES TENDONS DES MUSCLES RELEVEURS DU GROIN. On peut empêcher les porcs de fouger, en coupant les tendons des muscles qui relèvent le groin. Pour pratiquer cette opération, on fait baisser le bout du nez avec une main et avec l'autre on presse en même temps sur le chanfrein, afin de reconnaître la position des tendons qu'il faut amputer en partie ; quand on connaît leur place, on fait des incisions à la peau pour les mettre à nu et l'on enlève 3 ou 4 centimètres de ces organes. Cette opération est moins efficace que le bouclement.

---

# CHAPITRE V.

## De la multiplication du Porc.

### § 1. — Du choix des animaux pour la reproduction.

#### I. — *Choix d'une race.*

Quoiqu'on attelle les porcs à la charrue avec des ânes en Ecosse et même dans quelques parties de la France, nous devons considérer ces animaux comme exclusivement destinés à donner des produits en graisse et en viande; il ne faut donc, dans le choix d'une race, n'avoir égard qu'à son aptitude à donner l'un ou l'autre de ces produits. Considérées à ce point de vue, les différentes races connues peuvent être rangées en trois catégories : races petites, graisseuses, précoces; races fortes, plus disposées à marcher et à grandir, et races intermédiaires.

*Races précoces.* Les cultivateurs qui veulent nourrir les porcs dans les porcheries ou les conduire dans des vergers, dans des tréflières peu éloignées des habitations, ceux qui, habitant les environs d'une ville, ont la facilité de vendre dans toutes les saisons les animaux gras, doivent élever exclusivement des porcs mous, paresseux, d'un accroissement prompt et d'un engraissement rapide. Les races qui sont remarquables à ce double point de vue, se reconnaissent aux caractères suivants (*fig.* 10) : peau couverte de soies petites, douces et rares; os grêles; jambes courtes et fines; onglons petits; tête courte, légère, pointue; oreilles minces, petites, droites; encolure courte, même dans les porcs maigres, et comme nulle dans ceux qui ont été engraissés : dans les porcs très-gras des races les plus propres à faire de la graisse, la tête semble sortir directement des épaules. Même dans les très-jeunes porcs, on peut distinguer ce type : toutes les parties du corps sont menues, délicates dans les animaux qui doivent être remarquables par leur aptitude à prendre la graisse; après la croissance, ils sont toujours trapus, à jambes courtes; s'ils reçoivent une abondante nourriture, ils engraissent, mais en restant petits, courts, près de terre. Très-peu difficiles sur les aliments, ils consomment toutes les matières organiques animales ou végétales qu'on leur donne ou qu'ils trouvent dans les cours.

Mal disposés pour marcher, ils ne sauraient aller chercher leur nourriture au loin : ils mangent et se couchent, font alors très-peu de déperditions. Quoique ne recevant aucune nourriture particulière, ils sont gras dans un troupeau où ceux des races communes sont maigres. Un engraisseur qui possède des animaux de ces races produit plus de viande pour une certaine quantité de nourriture qu'avec des individus du type indigène.

Les porcs précoces fournissent beaucoup de graisse, mais ils ont moins de viande : les charcutiers de certains quartiers de Paris n'en veulent pas; il est difficile de couper une livre de côtelettes sur des porcs courts et épais. Ces porcs conviennent, quand ils ont été médiocrement engraissés, pour être tués jeunes et consommés en petit salé dans les ménages.

Les porcs importés de l'Asie et les races qu'ils ont contribué à former, représentent le type des races précoces.

*Races de forte taille.* Les propriétés étant très-divisées, les terres des fermes souvent très-éparpillées en France, les races du porc de la mer du Sud, et en général les races dites perfectionnées, sont trop petites, trop mauvaises marcheuses, pour beaucoup de nos cultivateurs : à cause de la division des terres et des pacages éloignés, il faut, à quelques-unes de nos campagnes, à celles qui élèvent le plus grand nombre de porcs, des races susceptibles de résister à la fatigue pour aller chercher leur nourriture dans les châtaigneraies, dans les bois; ensuite, beaucoup de départements, n'ayant de bons aliments pour engraisser qu'en automne, et manquant en outre de débouchés pendant les temps chauds, ne peuvent engraisser leurs porcs qu'en hiver.

Les porcs robustes, qui se développent en consommant des matières médiocres, peu nutritives, qui vont chercher leur nourriture dehors pendant huit ou neuf mois de l'année, sont fort avantageux pour ces pays; ils acquièrent une grande taille, sans entraîner aucune dépense, et, à l'époque de la maturité du gland, de la châtaigne, de la faîne, ils commencent même à s'engraisser, quoique consommant une nourriture qui n'a presque aucune valeur. On termine ensuite l'engraissement dans les porcheries en peu de temps. Après l'engraissement, ils sont encore assez forts pour se rendre des départements de la Corrèze, du Tarn-et-Garonne, du Lot et de l'Aveyron, à Béziers, à Montpellier, à Nîmes et à Marseille. L'entretien de ces porcs, étant très-économique, donne des bénéfices.

Les porcs que nous étudions ont, même dans la jeunesse, des jambes fortes, des rayons osseux gros, des articulations amples et des onglons volumineux; des oreilles larges, épaisses, souvent longues et pendantes; une tête longue, grosse et portée par une encolure proportionnée, qui reste toujours très-distincte. Dans le porcelet qui doit acquérir une forte taille, on remarque, dès la naissance, des membres et des oreilles qui contrastent par leur volume avec la petitesse du tronc.

A mesure qu'ils vieillissent, ils deviennent élancés, haut montés sur jambes. Avec la nourriture végétale ou animale qu'ils trouvent dans les pâturages, ils s'entretiennent suffisamment et commencent même à s'engraisser quand arrive la maturité des fruits. Sans occasionner aucuns frais, ils prennent ainsi tout leur développement et une assez forte proportion de graisse pour pouvoir être abattus et pour répondre à certains besoins de la consommation ; mais leur tronc n'a jamais, à moins de soins particuliers, l'épaisseur, la rotondité qu'on remarque dans les porcs précoces.

Les porcs des races à haute taille sont coureurs, alertes, criards; ils sont marcheurs et voraces. Laissés libres, ils vont chercher leur nourriture à de très-grandes distances; pendant la saison des fruits, ils parcourent en moins d'une heure plusieurs kilomètres de chemin en suivant des rangées de noyers, de châtaigners, de chênes. Les anciennes races françaises appartiennent à cette catégorie.

Les porcs qu'elles fournissent sont remarquables par la taille qu'ils acquièrent. En raison de leur disposition à grandir beaucoup, ils sont estimés par les cultivateurs qui font naître et n'engraissent pas; ils sont préférés aussi dans les campagnes où la viande de porc est la seule viande que l'on consomme, à cause de leur forte proportion de chair relative à la graisse, et surtout de la fermeté du lard qui est plus celluleux, se gonfle par la cuisson. Les charcutiers des villes les estiment pour la longueur de leur tronc : ils fournissent beaucoup de filet et de côtelettes, et conviennent à cause de cela pour être consommés frais, pour être dépecés selon le goût des acheteurs.

En Angleterre ces races disparaissent plus vite qu'en France, parce qu'il y a moins de ces circonstances où il est avantageux d'élever les animaux sans frais particuliers, avec des substances qui ne sont pas susceptibles d'être vendues en nature, qui sont sans valeur commerciale.

Races intermédiaires. — Plusieurs variétés, créées avec les deux types, existent aujourd'hui en Europe et se rapprochent par leurs formes comme par leurs qualités du type importé de la mer du Sud, et lui sont même préférables comme réunissant la taille à la précocité, beaucoup d'aptitude à l'engraissement, à une grande fécondité.

Même pour être tués chez les cultivateurs, les porcs moyens conviennent mieux que les deux autres types ; ils fournissent plus de chair que les petits, plus de graisse que les grands et sont moins coureurs, plus faciles à engraisser que ces derniers.

La *taille* en elle-même ne doit être ni un motif de préférence ni un motif d'exclusion. Comme tous les animaux, les porcs consomment en proportion du développement de leur corps, de sorte qu'il y a peu d'intérêt à en avoir des grands plutôt que des petits; comme, d'un autre côté, ces animaux n'exigent aucuns soins particuliers minutieux, qu'il suffit de leur distribuer la nourriture, il y a peu d'inconvénients à en avoir quelques-uns de plus. Nous savons qu'on tient cependant beaucoup aux porcs de haute taille, mais c'est une erreur quelquefois fort préjudiciable.

## II. — *Choix des reproducteurs.*

Dans toutes les catégories de porcs, se trouvent des individus diversement disposés à donner des produits. Pour la reproduction, il faut rechercher d'abord une grande disposition à transformer en matières utiles les aliments consommés; en second lieu, une conformation indiquant que les animaux auront une grande quantité de viande nette relativement au poids du corps; enfin l'aptitude à produire de la viande là où elle est de meilleure qualité.

Un porc est *bien disposé à s'assimiler la nourriture* quand il a une poitrine ample qu'annoncent les caractères suivants : garrot épais, poitrail large; côtes longues et fortement arquées sur leur longueur, surtout en arrière des coudes : dans les porcs bien conformés, le tronc est aussi profond de haut en bas derrière les épaules que vers l'abdomen (*fig.* 9, 10); la région ombilicale devient plus tombante à mesure que les animaux prennent la graisse, mais il n'existe jamais une grande différence entre la profondeur du tronc vers la poitrine et celle qu'on remarque vers le flanc.

L'ampleur de la poitrine s'annonce encore par la rondeur du tronc qui se rapproche de la forme cylindrique et par l'écartement des membres, même des membres postérieurs. Il existe un rapport d'épaisseur presque constant entre le développement de la partie postérieure du corps et celui de la partie antérieure, de sorte que l'écartement des jarrets suffit pour faire juger de l'aptitude d'un porc à se bien nourrir.

Dans les porcs on n'a pas noté, comme dans le cheval, la grosseur de la gorge et l'écartement des deux branches de l'os maxillaire, parce qu'on n'a pas analysé dans ces animaux les conditions d'une respiration aisée. Cet écartement, très-prononcé dans les porcs des races perfectionnées, suppose un grand développement de la poitrine, et nous explique pourquoi la tête se confond si facilement avec les épaules quand ces animaux sont très-gras.

Ces caractères devront exister dans tous les animaux de l'espèce porcine, dans les truies comme dans les verrats, et dans les porcs que l'on veut engraisser jeunes comme dans ceux que l'on veut conserver jusqu'à leur complet développement.

Si à ces caractères le porc réunit de la mollesse, qu'il soit paresseux, plus disposé à se coucher qu'à courir quand il a mangé, il prendra bien la graisse, mais il sera mal disposé, nous l'avons dit, à aller chercher sa nourriture dans les bois.

Les signes d'une grande aptitude à se bien nourrir sont aussi ceux d'un *rendement considérable de bonne viande :* la profondeur de la poitrine de haut en bas; la longueur de cette cavité, l'épaisseur du corps, la largeur des lombes, indiquent un grand développement des parties du corps où se trouve la meilleure viande.

Les porcs à os grêles, à encolure courte, à tête fine, à oreilles minces, à flanc court, à ventre peu développé, à corps long, à croupe horizontale, à épine dorsale bien soutenue depuis les épaules jusqu'à la queue, à muscles prolongés jusqu'au jarret et au genou, ont de larges filets, de fortes côtelettes, de gros jambons et très-peu d'issues, très-peu d'os.

*Taille.* Dans une portée, il convient de choisir pour la reproduction les porcelets qui promettent devoir le mieux se développer. Quand du reste ils sont bien conformés, c'est une preuve qu'ils sont de bonne nature, qu'ils profitent de leur nourriture.

On reconnaît les porcelets qui doivent grandir beaucoup leurs oreilles larges et longues, et à leurs jambes fortes. Ces signes indiquent aussi une grande disposition à faire de la viande plutôt que de la graisse, et partant, dans les races perfectionnées, une tendance à revenir au type commun; tandis que la finesse des membres, une peau douce, des tissus mous, sont des preuves que les animaux s'engraisseront et donneront beaucoup moins de viande. On châtrera les premiers quand on tiendra à conserver le type des races perfectionnées.

On n'emploiera à la reproduction que les animaux jouissant d'une bonne *santé*, ceux qui ont la peau propre, les soies brillantes, qui sont gais, mangent bien, et dont la queue forme un anneau à sa base.

TRUIE. — Les considérations qui précèdent s'appliquent aux deux sexes. Nous dirons, relativement à la femelle, qu'elle doit avoir l'abdomen et le bassin amples, le flanc large, les mamelles volumineuses et nombreuses.

C'est vers l'âge de 7 à 8 mois qu'il faut faire porter les truies qui ont été bien soignées; la gestation et l'allaitement, quand elles sont bien nourries, n'en arrêtent pas la croissance, et, parvenues à l'âge de 13 à 14 mois, elles peuvent avoir donné une portée qui a payé leur entretien. Si elles ne se montrent pas bonnes nourrices, on les engraisse quand elles sont séparées de leurs petits; si elles soignent leurs petits et qu'elles

les allaitent bien, on les conserve pour la reproduction jusqu'à l'âge de trois, quatre, cinq ans. Quoiqu'il y ait moins d'inconvénients à les laisser vieillir que les mâles, il est sage de ne pas les garder quand elles sont très-fortes; car s'il leur arrive un accident, c'est une perte plus considérable; et plus elles sont fortes, lourdes, plus elles sont exposées à écraser les petits au moment du part.

VERRAT. — Pour être fécond, le verrat doit avoir les testicules apparents : nous en avons fait l'expérience sur deux verrats, à la porcherie de l'école d'Alfort. Nous les avions fait conserver, quoique leurs testicules ne fussent pas apparents, parce qu'ils étaient magnifiques de conformation ; ils avaient un corps long, cylindrique, des jambes grêles, courtes, une tête mince et une peau douce comme celle d'une truie : même dans la région du scrotum, elle était parfaitement unie ; les soies étaient fines sur tout le corps ; à peine étaient-elles un peu plus rudes aux lèvres. Nous n'avons jamais pu en obtenir une seule saillie.

Mais un porc dont un seul testicule est sorti de l'abdomen est fécond. Nous en avons conservé un qui présentait cette anomalie, en 1847, à cause de ses belles formes. Il a donné un grand nombre de produits qui lui ressemblaient, et quelques-uns dont les deux testicules étaient restés dans l'abdomen. Nous considérons ce vice de conformation comme héréditaire.

Très-prolifiques, les porcs peuvent se reproduire à l'âge de 6 à 7 mois; et, en général, il faut employer les verrats jeunes, aussitôt qu'ils sont assez grands pour remplir leurs fonctions, vers l'âge de 10 à 12 mois. On doit les réformer à l'âge de 2 ans ou de 30 mois, afin de pouvoir les châtrer, les engraisser à 3 ans au plus tard. A cet âge ils fournissent encore de la bonne viande.

## § 2. — Du régime des reproducteurs.

### I. — *Chaleur et monte.*

CHALEUR. — Le rut se développe assez souvent dans le porc, sans qu'il soit nécessaire de soumettre les animaux à un régime particulier.

La femelle entre en chaleur à l'âge de trois, quatre ou cinq mois. Cet état, dans les truies fortes, bien nourries, reparaît tous les vingt ou vingt-cinq jours; les grains, l'avoine, l'orge, les féveroles, le provoquent.

La truie qui est en chaleur va, vient, lève le nez, grogne, mange peu, monte sur les autres porcs; les parties externes de la génération sont tuméfiées; si elle est à portée du mâle, elle se dirige de son côté, et si elle vit avec lui, elle ne le quitte pas.

On reconnaît que le mâle désire féconder sa femelle à ce qu'il est excité, qu'il grogne, qu'il est hargneux; il secoue la mâchoire et perd par la bouche de la bave écumeuse.

MONTE. — Les truies peuvent être couvertes peu de temps après le part, et quand elles sont en lait, elles retiennent même plus facilement que longtemps après le sevrage; mais comme la gestation est de courte durée, elle influe bientôt sur la sécrétion des mamelles; il ne faut donc les faire couvrir que vers le moment du sevrage. De même que les autres femelles, elles retiennent plus facilement quand elles sont restées en chaleur pendant quelque temps et que leur ardeur a diminué.

On doit faire en sorte que les truies mettent bas dans la saison la plus favorable pour nourrir ou pour vendre les porcelets : on les nourrit facilement quand on a beaucoup de lait, de bonnes racines, des résidus de fabrique ou les restes des porcs soumis à l'engraissement. Les mois de mars et de septembre sont favorables à l'élevage des porcelets. Si la mère a été fécondée en automne, les petits naissent en mars, peuvent profiter du laitage et de la verdure. Si la mère ne doit plus porter, on a le temps de la faire châtrer et de l'engraisser pour l'hiver suivant; si elle doit porter encore, on la fait couvrir de nouveau pour avoir les gorets de la deuxième portée annuelle, à l'arrière-saison.

Le plus souvent on fait effectuer l'accouplement dans une loge ou dans une cour, où l'on enferme le mâle et la femelle. L'acte dure quatre, cinq minutes environ. On doit faire, autant que possible, couvrir les truies deux fois de suite, ou mieux les laisser avec le mâle jusqu'à la cessation complète des chaleurs.

**Nombre des portées; fécondité des truies.** — Les truies de plus de 18 mois pourraient faire trois portées par an ou cinq tous les deux ans; mais alors elles ne peuvent allaiter les petits qu'imparfaitement. Il est préférable de ne les faire porter que tous les six mois. Comme elles deviennent souvent en chaleur, et que les mâles sont toujours disposés, on peut choisir, pour l'accouplement, le moment le plus favorable.

La très-grande fécondité des truies est bien connue. Vauban, dans un de ses travaux sur la statistique, a calculé que les descendants d'une truie, après dix générations, pourraient être au nombre de 6,434,838. Il suppose que les truies font deux portées par an, et que chaque portée est de 6 porcelets, 3 mâles et 3 femelles. Ces suppositions n'ont rien d'exagéré. Une truie chinoise, élevée en Angleterre, avait donné à la onzième année, en vingt portées, 355 porcelets; la plus forte portée avait été de 24 petits.

On ajoute trop d'importance à cette fécondité quand on apprécie les avantages du porc; sans doute elle peut être utile dans quelques cas particuliers : elle fournit le meilleur moyen de mettre les substances animales en rapport avec les besoins d'une colonie nouvelle; en Angleterre, elle a été mise à profit pour accroître en très-peu de temps la quantité de viande livrée à la consommation, quand le bœuf et le mouton sont devenus à un prix trop élevé; mais avant tout, il faut tenir compte de la nourriture consommée. En général, le plus difficile n'est pas de faire naître les animaux, c'est de les nourrir. Nous verrons qu'il y a plus d'avantages à se débarrasser d'une partie des porcelets, à en vendre comme cochons de lait, à en tuer même, qu'à chercher à les élever quand ils sont très-nombreux. L'avantage le plus précieux du porc c'est la facilité avec laquelle il peut être entretenu. Naturellement omnivore, il est facile à nourrir ; il consomme des substances qu'on utiliserait difficilement pour d'autres animaux, des résidus, des balayures qui seraient perdus ou ne serviraient qu'à faire du fumier. Ce n'est pas sans raison que les Anglais appellent ces animaux *nettoyeurs volontaires de la basse-cour*.

NOMBRE DE FEMELLES QU'UN VERRAT PEUT COUVRIR. — Un verrat de 18 mois, 2 ans, bien entretenu avec de bons aliments, sans être engraissé, peut couvrir plusieurs truies tous les jours, annuellement de 200 à 300, et même davantage, car comme la monte dure une partie de l'année, il en résulte que l'on peut espacer les saillies. Les verrats qui sont gras, qui fonctionnent rarement, sont beaucoup plus lents à effectuer leur fonction : ceux des races communes bien tenus peuvent faire 8, 10 saillies par jour; quand ceux des races graisseuses en ont fait 3, 4, ils ont les jarrets fatigués, et restent couchés à côté de leurs femelles.

## II. — *Gestation et avortement.*

GESTATION. — *Signes.* Après la conception, les chaleurs passent, et généralement pour ne plus revenir avant la mise bas. Les truies qui ont été fécondées deviennent moins pétulantes, et sont beaucoup plus disposées à engraisser; le ventre devient volumineux, avalé; quand la gestation est avancée, le pis est saillant, les mamelons volumineux et la vulve gonflée; mais ces signes sont assez difficiles à reconnaître dans les truies qui n'ont jamais porté et qui sont grasses : les charcutiers, malgré leur expérience, achètent souvent des truies qu'ils ne croient pas pleines, et sont fort étonnés de trouver dans la matrice des petits déjà grands. Dans les truies qui ont eu d'autres portées, le ventre est tombant et plus épais de droite à gauche que le flanc.

*Durée.* La durée de la gestation est de trois mois, trois semaines et trois jours. Les truies mettent bas du 113e au 114e jours, rarement avant le 109e ou après le 120e; celles qui sont faibles, jeunes, portent un peu moins longtemps que les autres.

*Soins des truies pleines.* Le régime des truies pleines doit tendre à les tenir en bon état sans les engraisser. On leur donnera des aliments de facile digestion et nourrissant bien sous un petit volume, car il ne faut pas leur charger les organes digestifs. Grasses, elles sont lourdes, maladroites et exposées en accouchant à écraser les porcelets qu'elles viennent de mettre au jour. D'ailleurs les truies grasses mangent peu et ont peu de lait.

AVORTEMENT. — *Causes.* L'avortement peut être produit par une nourriture insuffisante, mauvaise ou trop substantielle; les courses sont la cause la plus ordinaire de cet accident; les coups, les chutes, les pressions, certaines substances dont l'action se porte spécialement sur la matrice, peuvent aussi occasionner la mort du fœtus.

*Signes.* Les signes de l'avortement sont à peu près les mêmes que ceux du part. Les truies sont inquiètes, hargneuses; elles vont, viennent, crient, se couchent et se relèvent pour se coucher de nouveau, sans chercher à faire leur nid comme dans la parturition naturelle.

*Soins des truies.* Il y a peu de moyens à employer contre l'avortement. On peut le prévenir en éloignant les causes qui le déterminent. Quand on a plusieurs truies, si quelques-unes avortent, il faut examiner avec soin leur régime, et le changer pour préserver les autres; donner de bons aliments et proportionner les rations à la taille des femelles; employer les adoucissants, les acidules, la diète et les saignées si les truies sont excitées. Quand l'avortement a eu lieu, si les petits ne sont pas expulsés, il faut en provoquer la sortie au moyen d'injections émollientes; si la matrice est vidée, on agit comme après le part.

### § 3. — Du part et des soins à donner à la mère et aux petits jusqu'après le sevrage.

PART. — *Signes qui annoncent que le part va avoir lieu.* Les signes de la gestation sont plus marqués à mesure que le moment de la mise bas approche. Le ventre, devenu volumineux et près de terre, tiraille la colonne épinière : celle-ci présente supérieurement une grande concavité. Les mamelles sont volumineuses et distendues.

A l'approche du moment de la mise bas, les truies sont inquiètes, agitées, souffrantes; elles ramassent de la paille, la portent dans la loge ou dans un coin qu'elles ont choisi, la brisent, en font leur lit. Les douleurs qu'elles éprouvent durent quelquefois longtemps, et sont manifestées par des grognements, par un regard inquiet.

*Soins des truies.* Quand arrive le terme ordinaire de la gestation, vers le 112me jour après la copulation, on doit surveiller les truies ; il faut placer une litière courte, hachée, brisée, fine, dans un lieu tranquille et spacieux, exposé au soleil si la température n'est pas trop élevée, car la chaleur et un bon air sont aussi favorables aux porcelets qu'à la mère. Les siliques de colza font dans ce cas la meilleure litière ; si on emploie de la paille, il faut la mettre quelques jours avant le part, car les truies qui ont de la paille fraîche, en la remuant pour chercher les grains qui s'y trouvent, étouffent quelquefois leurs petits de suite après la mise bas. Elles seront toujours placées dans un lieu assez vaste, et où on puisse commodément leur donner des soins ; nous en avons souvent vues qui étouffaient leurs petits dans des loges étroites, mais cela n'arrivait jamais à celles qui mettaient bas sur le fumier, dans la cour.

On a vu quelquefois les truies tuer et manger leur progéniture. Pour prévenir ces accidents on conseille de frotter les porcelets avec une décoction de coloquinte ou d'une autre substance amère, mais ce moyen est inutile. Il suffit de bien nourrir les truies pour qu'elles ne cherchent pas à manger le délivre ; car c'est le plus souvent après qu'elles l'ont mangé, qu'elles dévorent les porcelets, sans doute à cause de la ressemblance qu'il y a entre les enveloppes fœtales et les gorets enduits des mêmes liqueurs. D'autres fois elles les mangent après les avoir écrasés en se couchant. Cela a lieu quand elles sont dans des loges trop étroites ou sur une litière trop longue dans laquelle les porcelets s'enterrent, s'entravent. Il suffit d'indiquer les causes de ces accidents qu'il est facile d'éviter.

S'il arrivait qu'une truie mangeât ses petits par voracité sans cause particulière, on la réformerait ; en attendant, on la surveillerait pendant la mise bas et on enlèverait ses petits à mesure qu'ils naîtraient : on les placerait dans une boîte garnie d'une litière fine pour les tenir chaudement, au besoin on les porterait dans un lieu plus chaud que la loge. On peut les remettre à côté de leur mère quand le part est terminé, on les surveille pendant qu'ils tettent. Ces précautions ne sont pas nécessaires deux fois : quand la truie a été tetée, soulagée par ses petits, elle les prend toujours en affection; on aura dans tous les cas soin de ne pas l'irriter.

Le part n'a pas toujours lieu de la manière que nous venons d'indiquer; il est quelquefois laborieux, difficile : les douleurs sont fortes et durent longtemps. Si cela tient à la faiblesse de la mère, il faut lui donner une infusion excitante. Dans quelques cas, il peut être nécessaire de donner des lavements pour vider le rectum, et de faire des injections émollientes dans le vagin. On a vu quelquefois, dans les truies pléthoriques, une saignée à la queue distendre les organes et faciliter la sortie du fœtus.

Les efforts nécessités par l'accouchement laborieux peuvent produire le renversement de la matrice ; il faut alors chercher à remettre cet organe à sa place. A cet effet, on pousse l'utérus dans le bassin, après l'avoir nettoyé et y avoir fait au besoin des mouchetures, en ayant soin d'agir principalement dans les instants où la femelle ne fait pas d'efforts. Si la marice est restée longtemps déplacée, qu'elle ait été irritée par le umier, par les mouvements de la truie, il faut la plonger dans l'eau tiède, avant de procéder à la réduction. Lorsque les efforts de la truie tendent à repousser l'organe qui vient d'être réduit, on cherche à le tenir en place au moyen d'un point de suture à la vulve, ou mieux avec une corde en bandage.

Après la mise bas, les truies ne réclament aucuns soins particuliers, si ce n'est une grande tranquillité. Quelque temps après, le porcher doit leur porter à boire des eaux grasses, de l'eau tiède blanchie avec un peu de farine. Il faut les préserver du froid et des courants d'air.

Nourriture des truies jusqu'après le sevrage. — Dans les premiers jours qui suivent le part, les truies ont généralement assez de lait pour leurs petits. Il faut alors les nourrir avec modération, leur donner des substances peu nutritives et seulement pour apaiser la faim ; mais à mesure que les porcelets deviennent forts, il faut accroître la ration des mères.

Si les truies ont un grand nombre de petits à allaiter, elles doivent être bien nourries à compter du huitième jour après le part. Dans les fermes le petit-lait, le lait caillé, facilitent l'élevage des porcs.

A la porcherie de l'école d'Alfort, indépendamment de la viande crue que prenaient les truies nourrices, elles recevaient, selon leur taille et le nombre de nourrissons qu'elles allaitaient, de 15 à 20 litres de nourriture : viande et pommes de terre cuites délayées avec de la farine dans de l'eau ou du boullion. On faisait entrer dans ce mélange une plus forte quantité d'eau que pour les porcs à l'engrais.

Les truies avaient besoin d'être bien nourries et de recevoir une nourriture favorable à la sécrétion des mamelles; c'était le meilleur moyen de prévenir la diarrhée qui attaquait souvent les porcelets vers l'âge de 6 semaines, 2 mois. En général, les truies des races perfectionnées, graisseuses, moins bonnes laitières que celles des races indigènes, réclament surtout une nourriture qui active la production du lait.

C'est par de très-bons aliments donnés à la mère que l'on forme les meilleurs *cochons de lait.*

Quelques jours avant de commencer le sevrage, il faut diminuer la ration des truies et continuer graduellement la diminution de nourriture à mesure qu'on augmente la ration des porcelets. On ramène ainsi graduellement les mères à leur ration d'entretien. Cette précaution suffit pour prévenir les effets nuisibles du lait si l'on sèvre un peu tard ; elle ne serait pas même nécessaire si l'on ne sevrait pas à la fois tous les porcelets, ou si la truie avait été fecondée de nouveau. Dans le cas où l'on serait obligé de précipiter le sevrage, ou si un accident enlevait les petits, on ferait passer le lait des truies en les mettant à la diète, ou en leur donnant des purgatifs; ces moyens sont très-rarement nécessaires.

Soins aux nourrissons jusqu'après le sevrage. — Les porcelets naissent débarrassés des enveloppes fœtales, et, s'ils sont vigoureux, ils cherchent à teter peu après la naissance. Une fois qu'ils ont saisi le mamelon et sucé du lait, la mère les adopte et les soigne : on peut les laisser à côté d'elle sans crainte. Si la loge est chaude, on les laisse libres, mais si elle est froide, il faut les couvrir, et toujours leur faire une bonne litière.

Quelquefois les porcelets dans les races communes adoptent pour toujours le mamelon qu'ils saisissent le premier; si l'un d'eux meurt, son mamelon tarit; les truies qui n'ont qu'un nourrisson n'ont du lait qu'à une seule mamelle. L'éleveur doit toujours avoir soin que les porcelets les moins forts saisissent, la première fois qu'ils tettent, les plus grosses mamelles. Avec cette précaution, le développement des plus petits gorets devient plus rapide, et l'on a des portées dont tous les individus sont égaux.

Mais l'adoption des différents mamelons, chacun par un des porcelets, est loin d'être générale. Il arrive même très-souvent, lorsqu'il y a plusieurs truies nourrices ensemble, que les porcelets les plus forts tettent les mères des plus petits.

Nous profitions de cette disposition des gorets à teter plusieurs mères : quand une truie ne faisait qu'un petit nombre de porcelets, et qu'une autre en faisait plus qu'elle ne pouvait en nourrir, nous réunissions les deux portées dans la même loge : les petits tetaient alternativement les deux nourrices, qui de leur côté ne faisaient aucune différence entre les porcelets qui leur appartenaient et ceux qui se faisaient adopter.

S'il arrive que des truies fassent plus de petits qu'elles n'ont de mamelles, on peut donner le surplus à une autre mère. Si l'on n'a pas cette ressource, on les garde tous pendant quelques jours et l'on tue ensuite les plus forts comme *cochons de lait*. Quel que soit le nombre de mamelles, il faut toujours sacrifier des petits, quand on a lieu de croire que la mère les nourrirait mal et s'épuiserait. Les mâles se développant mieux et, se vendant plus cher que les femelles quand ils ont atteint leur croissance, on les garde de préférence.

Une truie peut nourrir huit, dix, douze porcelets selon ses forces, son âge, ses qualités laitières, et surtout le supplément de nourriture qu'on peut donner aux petits. Chabert en élevait dix ou douze. Il ne faut jamais se presser de tuer des porcelets quand les portées ont été nombreuses, parce que il y en a toujours quelques-uns qui se développent mal ou même qui meurent en bas âge.

Les truies qui élèvent un trop grand nombre de gorets en souffrent et font de fort mauvais élèves; cependant il ne faut pas trop craindre de les voir s'épuiser, car après le sevrage elles sont bientôt redevenues en bon état; mais il faut, pour les petits, pouvoir suppléer par une bonne nourriture au lait qui leur manque : le lait de vache et de la bonne farine sont alors nécessaires, et quand on n'a pas ces ressources, il ne faut pas laisser à une mère plus de six à huit porcelets, surtout si elle est jeune, incomplétement développée.

Le lait de la mère doit suffire aux nourrissons pendant les premiers temps; si l'on est obligé de les faire boire trop jeunes, on en perd beaucoup, à moins qu'on n'ait du bon lait de vache à leur donner; souvent même ils boivent très-difficilement, prennent la diarrhée et meurent.

Il faut dans tous les cas les habituer le plus tôt possible à boire du lait tiède seul d'abord et ensuite contenant de la farine. Ils se développent mieux à cet âge et n'ont besoin que de très-peu de nourriture pour devenir beaucoup plus forts. Quand on donne aux mères une nourriture composée avec du laitage, ils s'habituent jeunes à manger avec elles; le sevrage est ensuite plus facile. Si l'on n'a pas de lait, on donne de la farine délayée dans l'eau.

A mesure que les jeunes animaux prennent du volume, que leurs organes se fortifient, on augmente la ration; cela est nécessaire, car le lait de la mère n'augmente pas comme les besoins des petits.

*Sevrage.* On sèvre les porcelets à l'âge de six semaines, deux mois ou deux mois et demi, plus tôt ou plus tard, selon la facilité qu'on a de bien nourrir et aussi selon les qualités laitières des truies. Si la mère n'est pas bonne nourrice, il faut sevrer plus tôt; le séjour à côté d'elle empêche les porcelets de manger, et cependant le peu de lait qu'ils tettent ne les nourrit pas assez; ils ne mangent qu'incomplétement, dépérissent et prennent même la diarrhée. Pour effectuer le sevrage, on commence par donner un peu moins de nourriture à la mère, afin de diminuer la sécrétion du lait, et l'on nourrit les petits dans une loge particulière. Les premiers jours, on les fait teter souvent; afin de diminuer les inconvénients de la séparation, ou on ne les sépare de la mère que pendant peu de temps; mais, les jours suivants, on les fait teter de plus en plus rarement, et chaque fois on les laisse de moins en moins avec la truie, jusqu'à ce qu'on puisse supprimer l'allaitement sans nuire ni aux petits ni à la mère.

L'époque du sevrage est critique pour les porcelets; ils souffrent de la perte de la mère et de la privation d'un aliment qui jusque-là avait formé leur nourriture presque exclusive. Des soins leur sont d'autant plus nécessaires qu'ils sont alors dans un âge très-impressionnable, et que du régime auquel ils sont soumis dépendent, souvent pour toujours, leur force et leur santé. Pour leur donner une bonne constitution et une santé robuste, on les fera jouir du grand air, en ayant soin de les préserver de la pluie et du froid; on les tiendra chaudement dans une loge propre, bien aérée, et garnie d'une bonne litière; et surtout, à mesure qu'ils tetteront moins, on leur donnera, et du lait et de la farine, en faisant faire quatre, cinq repas dans les premiers jours et trois ensuite. Aucune nourriture ne convient mieux que le lait aux jeunes porcs.

M. Boussingault faisait donner à ses porcelets par jour et par tête :

| | |
|---|---|
| Pommes de terre cuites. . . . . . . | 2k500 |
| Farine de seigle. . . . . . . . . . . . | 0 050 |
| Lait écrémé. . . . . . . . . . . . | 0 030 |
| Eau grasse . . . . . . . . . . . . | 4 litres. |

S'il y a dans la portée des porcelets beaucoup plus petits que les autres, il faut les laisser teter plus longtemps; ils prennent plus de lait quand les plus forts ont été sevrés, et grandissent rapidement. Les mères ne s'aperçoivent pas de ce sevrage gradué; pourvu qu'elles conservent trois, quatre petits et ensuite deux, un, et qu'elles n'entendent pas crier les autres, elles restent parfaitement tranquilles.

# CHAPITRE VI.

## De l'élevage et de l'engraissement du Porc.

### SECTION PREMIÈRE.

#### ÉLEVAGE.

**§ 1. — De l'accroissement des porcs.**

Dans les porcs, comme dans les autres animaux, l'accroissement a lieu proportionnellement à la quantité et à la qualité de la nourriture consommée; il se ralentit avant d'être complétement terminé, mais il reste sensiblement uniforme au moins jusqu'au neuvième ou au dixième mois de la vie si les animaux ne cessent pas de recevoir une nourriture en rapport avec les besoins de leurs organes.

Dans la porcherie de l'école, la nourriture était très-irrégulièrement distribuée et l'accroissement présentait de nombreux temps d'arrêt; mais il était continu chez les porcelets conservés entiers pour la reproduction : mis à part et nourris uniformément avec les restes des porcs à l'engrais, ils se développaient jusqu'à l'âge de 13 ou 14 mois, et en suivant une graduation croissante jusqu'à 9 ou 10 mois.

Deux porcelets ayant trois quarts de sang anglais et un quart de sang angevin, restés avec quatre autres petits de la même portée jusqu'après le sevrage, et ensuite nourris seuls dans une loge avec de la viande crue presque exclusivement, ont augmenté en moyenne :

| | | | | | |
|---|---|---|---|---|---|
| De 1 à 30 | jours, de | 200 | gr. par jour. | 6,000 | gr. |
| 30 à 60 | — | 190 | — | 5,700 | |
| 60 à 75 | — | 50 | — | 750 | |
| 75 à 90 | — | 150 | — | 2,250 | |
| 90 à 120 | — | 290 | — | 8,700 | |
| 120 à 150 | — | 380 | — | 11,400 | |
| 150 à 210 | — | 400 | — | 24,000 | |
| 210 à 240 | — | 410 | — | 12,300 | |
| | | | | 71,100 | gr. |

M. Parant a remarqué que l'accroissement est :

| | Porc poitevin. | Porc hampshire. | Porc métis. | Moyenne. |
|---|---|---|---|---|
| De 1 à 20 jours. | 0,305 | 0,188 | 0,222 | 0,238 |
| 20 à 50 — | 0,202 | 0,235 | 0,235 | 0,224 |
| 50 à 100 — | 0,329 | 0,310 | 0,355 | 0,331 |
| 100 à 150 — | 0,384 | 0,389 | 0,386 | 0,386 |
| 150 à 200 — | 0,492 | 0,650 | 0,584 | 0,575 |
| 200 à 250 — | 0,174 | 0,247 | 0,288 | 0,236 |
| 250 à 300 — | 0,174 | 0,248 | 0,210 | 0,211 |
| 300 à 400 — | 0,192 | 0,247 | 0,198 | 0,212 |
| Ces porcs pesaient, à la naissance . . . | 1,300 | 1,200 | 1,250 | |
| Et au 400e jour . . . | 108,750 | 130,000 | 119,700 | |

L'accroissement dépend exclusivement de la nourriture. Le temps d'arrêt qu'il a présenté dans l'expérience de M. Parant vers le septième mois peut être en partie expliqué. Quoique distribuée à discrétion la nourriture était prise en moindre quantité relativement au poids des porcs que dans les âges antérieurs. Le tableau suivant que nous avons dressé avec les chiffres publiés par M. Parant, dans le *Journal d'agriculture pratique*, le démontrent.

Après le sevrage ces animaux ont consommé :

| | SEIGLE. | | SON. | | POMMES DE TERRE. | |
|---|---|---|---|---|---|---|
| | Quantité absolue. | Quant. p. °/o de poids vif. | Quantité absolue. | Quant. p. °/o de poids vif. | Quantité absolue. | Quant. p. °/o de poids vif. |
| De 50 à 100 jours. | 1,000 | 4,561 | 2,088 | 9,525 | 4,800 | 21,895 |
| 100 à 150 — | 1,130 | 2,867 | 2,350 | 5,963 | 5,430 | 13,780 |
| 150 à 200 — | 1,740 | 2,781 | 3,620 | 5,785 | 8,360 | 13,361 |
| 200 à 250 — | 1,900 | 2,318 | 3,950 | 4,820 | 9,130 | 11,142 |
| 250 à 300 — | 2,100 | 2,267 | 4,370 | 4,718 | 10,090 | 10,894 |
| 300 à 400 — | 2,300 | 2,116 | 4,780 | 4,398 | 10,650 | 9,799 |

Ainsi quoique la quantité absolue de seigle, de son et de pommes de terre fût plus forte de 250 à 300 jours que de 200 à 250, plus forte de 300 à 400 que de 250 à 300, on voit que la quantité relative au poids du corps diminue de 51 gr. de seigle, de 102 gr. de son et de 248 gr. de pommes de terre à la première de ces périodes, et de 151 gr. de seigle, 320 gr. de son et 1,095 gr. de pommes de terre à la seconde.

Des observations faites il résulte que l'on peut entretenir

dans les porcs un accroissement continu jusqu'à ce qu'ils approchent de leur développement complet. Nous allons voir quelles sont, dans la pratique, les circonstances dans lesquelles on a intérêt à produire cet accroissement.

### § 2. — De l'élevage des porcs destinés à la reproduction.

On choisira, pour la reproduction, les gorets de la plus belle venue, ceux qui ont le corps long et le dos bien horizontal, le garrot épais et bas, la tête petite, le cou court, et qui sont portés à garder le repos, à rester tranquilles ; ils jouissent en général d'une bonne santé.

Quand on veut élever un verrat il faut conserver deux gorets non châtrés jusqu'après le sevrage; on fait ensuite son choix. Quelle que soit la race, il faut jusqu'à l'âge de 10 mois nourrir le verrat à discrétion. Des aliments nourrissant beaucoup sous un petit volume sont indispensables pour produire les formes de ce que nous appelons les races perfectionnées, pour rendre les muscles volumineux relativement aux autres parties du corps.

Il importe de rendre l'accroissement de ces jeunes animaux continu pour leur donner une bonne constitution, pour hâter leur développement et pouvoir les employer plus tôt : une fois formés on n'a besoin, pour les mâles du moins, de ne les nourrir que pour les entretenir.

Le croisement des races est presque inutile quand on emploie ce mode d'élevage; dans tous les cas, il est beaucoup plus efficace, tandis qu'on l'emploie sans succès si on néglige de soigner les jeunes animaux. Les porcelets issus des plus beaux verrats, s'ils sont mal nourris, restent étroits, à côte plate, à dos voûté, tranchant, à muscles minces et à membres gros, longs et décharnés : ils ont les défauts des porcs des races communes et n'en ont ni la sobriété ni la rusticité. Mais quand on emploie les deux moyens à la fois, l'amélioration marche avec une très-grande rapidité en raison de la fécondité des porcs et de la brièveté de leur vie. Il n'a fallu que quelques années pour changer complétement la race dans quelques cantons de la Picardie, de la Flandre, de la Champagne et surtout en Angleterre.

### § 3. — De l'élevage des porcs destinés à l'engraissement.

Une fois le sevrage terminé, si les porcelets mangent et digèrent bien, qu'ils n'aient pas la diarrhée, leur élevage est à peu près assuré. Il n'y a plus qu'à songer à favoriser leur développement. Pour le rendre complet, il faut continuer la bonne nourriture, le lait écrémé, le lait de beurre, le petit-lait et les farines délayées dans ce liquide ou dans l'eau.

Il faut, comme pendant le sevrage, ne pas négliger les soins : une très-grande propreté, une litière sèche et une loge chaude sont indispensables, au moment surtout où les petits quittent la mère. On les laissera, si c'est possible, libres sur un fumier sec exposé au soleil, dans une cour bien abritée. Les portées du printemps réussissent mieux que celles de l'automne parce qu'il est plus facile de les préserver de l'humidité, en mai et en juin, qu'en novembre et en décembre.

Les naissances des porcs ont généralement lieu en automne et au printemps; ceux qui naissent en automne sont élevés avec les restes des porcs à l'engrais et en général assez bien nourris pendant l'hiver; mais une fois bien formés, quand le beau temps arrive, ils sont envoyés au pâturage et entretenus très-économiquement jusqu'au moment où ils sont soumis à l'engraissement, vers l'âge de 16 à 18 mois. On ne saurait blâmer ce mode d'élevage; dans beaucoup de pays il ne serait même pas possible d'en employer un meilleur. Il est d'ailleurs avantageux parce que les porcs sont nourris avec des produits à peu près sans valeur; il ne convient pas en outre de pousser en nourriture les porcs destinés à passer l'été; en s'engraissant ils deviendraient mous, souffriraient de la chaleur, ne résisteraient pas au pâturage et seraient difficiles à entretenir. On doit seulement leur fournir en eaux grasses, en laitage ou en herbes, une nourriture suffisante pour développer le système musculaire.

Ceux qui naissent au printemps sont plus régulièrement nourris : avec les résidus de la laiterie, on les sèvre facilement sans que leur accroissement s'arrête, et ensuite cette même nourriture à laquelle s'ajoutent les herbes données dans la cour ou prises dans les pâturages continue à les nourrir suffisamment pour les tenir en bon état et pour produire de la viande.

Quand arrive l'automne on les pousse davantage et on les vend sous le nom de *laitons*. Ce mode d'élevage produit des porcs de 80 à 90 kilogr. qui payent très-bien leur entretien et contribuent à alimenter Paris pendant une partie de l'hiver.

Il y a encore profit à nourrir les porcs régulièrement quand on les entretient constamment à la porcherie avec des aliments qu'on a toujours en assez forte quantité, avec des résidus des fabriques. Il faut dans ce cas ne pas cesser de les pousser de plus en plus de manière à pouvoir les vendre gras vers l'âge de 6, 7, 8 mois.

Le mode d'élevage qui doit être préféré varie selon les ressources des établissements. Il n'y a de l'avantage à nourrir économiquement qu'autant que l'on fait consommer des produits, pâturages, herbes, résidus, qui ne peuvent pas être vendus et dont on ne peut pas toujours augmenter la ration. Quand on dispose de denrées qui ont une valeur commerciale, que l'on peut en distribuer à volonté, et que la graisse de porc se vend aussi bien que la viande, il faut faire consommer la nourriture rapidement, pousser les animaux, les soumettre le plus tôt possible à l'engraissement et les vendre.

L'élevage à la porcherie de l'école d'Alfort avait lieu dans une cour sur le fumier. Le sevrage s'opérait presque naturellement, lorsque les truies ne voulaient plus se laisser teter. Les porcelets étaient grands et souffraient peu de la privation de lait; ils allaient prendre leur nourriture dans une loge où ils ne pénétraient qu'en passant par une petite ouverture pratiquée au bas de la porte; de cette manière, les porcs déjà formés ne pouvaient pas manger la ration des plus petits.

Après le sevrage, les jeunes porcs vivaient avec les truies pleines. Ils avaient le plus souvent de la viande à discrétion; ils en étaient cependant privés quelquefois pendant 8, 10, 15 jours; ils recevaient alors, mais en petite quantité, des feuilles de betteraves ou de la luzerne en été, et des betteraves ou des topinambours crus en hiver; ils trouvaient en outre dans le fumier, de l'avoine et des asticots. Du reste, ils souffraient moins de l'abstinence, quand elle n'était pas de très-longue durée, que des porcs soumis à un régime exclusivement végétal.

## § 4. — De la castration.

Les porcelets doivent être châtrés avant le sevrage; ils ne souffrent pas de l'opération s'ils ont à leur disposition le lait de la mère; d'ailleurs, plus ils sont jeunes, moins la castration est douloureuse. Pour châtrer les porcelets on les fait prendre par un aide qui saisit avec la main droite les deux pieds droits du jeune animal, et avec la main gauche les deux pieds gauches, tient la nuque appuyée contre sa poitrine, le corps à demi fléchi, et met ainsi en évidence le scrotum. On pratique sur cet organe une ou deux incisions, on sort les testicules et on coupe les cordons en ratissant légèrement. Il est même inutile de ratisser si les porcelets n'ont que quinze jours ou trois semaines, mais cela est indispensable quand ils ont deux ou trois mois. Après cet âge il est prudent de pratiquer la ligature avec un fil ciré.

L'opération n'est pas non plus dangereuse sur les vieux verrats, et le moyen qui facilite le plus la guérison consiste dans l'emploi des casseaux. Après la castration par la torsion bornée, il y a toujours un engorgement considérable du scrotum et même du ventre.

Dans le porc dont le scrotum est situé sur le périnée, les testicules, quelle que soit la position de l'anneau inguinal, restent dans l'abdomen plus souvent que chez les autres animaux. Quelquefois, les deux glandes restent dans la région lombaire, mais plus souvent une seule. Le cordon testiculaire forme alors une anse: il descend vers la région inguinale et remonte vers les lombes où est resté le testicule. On ne peut faire la castration qu'en faisant une ouverture au flanc.

L'opération est toujours assez facile, car les testicules restés dans l'abdomen prennent peu de développement.

Dans un porc de deux mois, opéré le 2 août 1849, le testicule, descendu dans le scrotum, pesait, sans épididyme, 6g 1, et celui qui restait dans l'abdomen, seulement 5g 5.

Dans un porc de 5 mois le testicule trouvé dans le scrotum pesait avec l'épididyme 118g 3, et sans épididyme 101 ; tandis que celui qui était resté dans l'abdomen ne pesait que 17g 1, et 12g 8 sans épididyme.

En général, la différence entre les testicules sortis et ceux qui sont restés dans l'abdomen est d'autant plus grande que les animaux approchent davantage de l'âge adulte ; de sorte que le testicule qui n'est pas sorti de l'abdomen, restant toujours petit, peut être facilement extirpé à toutes les époques de la vie. Cependant nous ne conseillons pas l'opération parce qu'elle est inutile. Les testicules non descendus sont mous et flasques, et ils exercent peu d'influence sur le caractère des animaux ; ils ne produisent pas d'animalcules, d'après notre collègue M. Goubaux. Les verrats qui ont un testicule dans le ventre ont peu d'ardeur, conservent une peau fine, s'engraissent bien et donnent une très-bonne viande ; ceux qui n'ont aucun testicule apparent, quoiqu'ils n'aient pas subi la castration, ne font pas exception ; ils ne présentent qu'à un très-faible degré le caractère de leur sexe : le poil des lèvres est seulement un peu plus rude, les défenses se développent à peine ; ils ont très-peu de disposition à couvrir les femelles ; ils ne les fécondent pas. Les châtrer, ce serait sans nécessité s'exposer à les perdre.

On châtre les femelles plus tard que les mâles ; l'opération est plus facile quand elles sont bien développées. On sait qu'elle consiste à faire une incision au flanc, à extraire et à extirper les ovaires.

## SECTION II.

### ENGRAISSEMENT.

#### § 1. — Choix des porcs que l'on veut engraisser.

On engraisse les animaux qui ont été châtrés jeunes, et ceux qu'on a employés à la reproduction de l'espèce. Les verrats et les truies que l'on veut engraisser doivent être privés des organes de la génération, au moins à trois ans ; encore les porcs qui ont servi d'étalons, et les truies qui ont eu un grand nombre de portées, ne valent jamais, pour être engraissés, les animaux qui ont été privés de la faculté de se reproduire avant d'avoir propagé l'espèce. Du reste, la castration est beaucoup plus utile pour les mâles que pour les femelles ; celles-ci engraissent même mieux n'étant pas châtrées, si, avant de les soumettre à l'engraissement, on les a fait couvrir.

Les porcs habitués depuis leur première jeunesse à recevoir nos soins, engraissent plus facilement que ceux à moitié sauvages, qui, ne voyant jamais sans frayeur une personne s'approcher d'eux, ne supportent qu'avec répugnance les soins qu'on leur donne.

On donnera toujours la préférence aux porcs qui ont la peau propre, les soies brillantes et difficiles à arracher, à ceux qui ont l'œil vif, qui sont éveillés et en bon état. Les animaux très-maigres, ceux qui ont la peau sale, qui perdent leurs soies, ont le poumon ou le foie attaqués et digèrent mal. Les rhumatismes, la tuméfaction des os, les maladies articulaires, doivent aussi faire rejeter les porcs qui en sont affectés.

## § 2. — **Pratique de l'engraissement.**

### I. — *Règles de l'engraissement.*

*Époque la plus convenable à l'engraissement du porc.* L'automne, le commencement de l'hiver, sont les temps les plus favorables à l'engraissement; les aliments sont alors abondants et les animaux engraissés à cette époque peuvent être vendus au moment où, la salaison étant facile, on trouve le plus d'acheteurs.

La fin de l'automne semble d'ailleurs être particulièrement favorable à l'engraissement : à l'état sauvage les animaux herbivores trouvent des graines, des fruits, qui sont plus nutritifs que les aliments les plus communs en été ; en outre, les excitations produites dans cette dernière saison par la chaleur, par la lumière, par les insectes, diminuent alors et les animaux se trouvent dans un état de quiétude, de bien-être relatif, qui donne à l'assimilation l'activité que perdent les fonctions de relation. L'humidité de cette saison concourt encore au même but; personne n'ignore qu'une journée de pluie suffit, après le règne des chaleurs, pour engraisser le gibier.

Les porcs engraissés en hiver ont toujours des débouchés. Si on veut les saler, la salaison en est facile; si on veut les consommer frais, la viande peut se conserver plusieurs jours; enfin, veut-on les vendre; si on ne trouve pas un acheteur sur les lieux, on peut les conduire au loin; tandis que, pendant les saisons chaudes, on ne peut pas les saler; les voyages les plus courts les échauffent, les rendent malades, et les font souvent périr subitement.

L'engraissement ne peut être avantageux, pendant l'été, que dans les environs des villes où l'on consomme du porc frais dans toutes les saisons; les animaux gras y étant plus rares pendant les chaleurs qu'aux autres époques de l'année, se vendent plus cher, ce qui peut compenser les difficultés plus grandes de l'engraissement.

*Repas réguliers.* Plus encore que pour les ruminants, la distribution des aliments doit être régulière, et par petites rations; car aussitôt que l'heure des repas est arrivée, les porcs, qui la connaissent toujours, se lèvent de leur lit, et vont grogner à la porte par où ils savent que la nourriture leur arrive; ils en attendent la distribution dans une impatience qui est très-nuisible à la production de la graisse, et qu'il faut prévenir en donnant à manger toujours aux mêmes heures.

On fait faire aux porcs nourris avec des substances végétales trois ou quatre repas par jour; mais ceux qui consomment de la viande n'ont pas besoin de manger si souvent. *Le sommeil engraisse le porc autant que le manger*, disait un porcher fort expérimenté de l'école d'Alfort.

Il importe toujours que les porcs soient excités à manger, et fassent *table nette* à chaque repas. Les substances dont on engraisse ces animaux sont en général fort putrescibles; si elles sont distribuées en grande quantité à la fois, ce qui reste dans l'auge après le repas s'altère, s'aigrit, devient fétide.

*Nourriture variée.* Il est essentiel de faire consommer d'abord les plus mauvais aliments, de terminer chaque repas par les substances les plus nutritives, les plus faciles à digérer, et les plus recherchées des animaux ; cette règle s'applique encore mieux aux porcs qu'aux ruminants, en raison des substances fort différentes les unes des autres que consomment les omnivores.

La distribution d'une nourriture variée est, comme dans tous les animaux, nécessaire pour donner une bonne santé, pour prévenir la satiété, hâter l'engraissement et produire de la bonne viande ; la répugnance du porc pour les aliments dont il se nourrit depuis longtemps, démontre assez la nécessité de cette règle d'hygiène. Du reste, l'expérience en a confirmé l'efficacité.

### II. — *Aliments employés pour engraisser le porc.*

Substances végétales. — Les parties herbacées des diverses plantes, que nous avons énumérées comme souvent employées pour entretenir les porcs sont assez nutritives pour commencer l'engraissement, si on les donne en quantité suffisante ; elles doivent être réservées pour les bêtes qui, n'ayant été que médiocrement nourries, mangent beaucoup et payeraient mal de bons aliments. Elles ne poussent jamais l'engraissement à un point bien avancé, si on les donne seules et telles qu'elles ont été coupées ; pour en obtenir tous les effets qu'elles sont susceptibles de produire, on doit leur faire subir quelques préparations avant de les administrer. Tantôt on leur fait éprouver un commencement de fermentation, tantôt on les arrose avec de l'eau bouillante ; d'autres fois on les sale, on les mêle à de la farine, à des graines concassées, à des résidus de fabriques, à des racines ou à des tubercules écrasés. Le meilleur moyen, c'est de les faire cuire avec quelques-uns des aliments que nous venons d'énumérer, ou avec des substances animales.

*Racines.* La plupart des racines que nous cultivons comme potagères sont recherchées par le porc. On donne selon les pays la carotte, le panais, la betterave, mais jamais seules pendant l'engraissement. Les carottes ont la réputation de produire une viande excellente et un lard très-ferme.

*Tubercules.* Les porcs mangent avec plaisir les tubercules de topinambour crus, mais ils en laissent souvent dans l'auge si on les leur distribue cuits. Les tubercules de la pomme de terre sont les plus usités pour l'engraissement des porcs. Après la cuisson, ils s'écrasent facilement dans l'eau et forment, si on les mêle avec de la farine, une bouillie très-convenable. Donnés seuls ils produisent peu d'effet : M. Boussingault a observé que des porcs nourris exclusivement avec ce tubercule rendent à l'abattage moins de graisse que n'en contenait la nourriture consommée, quoique celle-ci en renfermât fort peu.

Comme les racines, les tubercules contribuent surtout à engraisser quand ils sont donnés avec des aliments plus substantiels, plus riches en principes albuminoïdes et en corps gras, avec de la farine, des tourteaux ou de la viande.

*Fruits secs.* Le *gland* forme, dans les pays riches en forêts de chênes, la base de l'engraissement des porcs ; on met ces animaux à la glandée, c'est-à-dire, on les conduit dans les bois, où ils mangent à volonté du gland vert. Dans cet état, ce fruit peut mettre en chair les bêtes qui ont été mal nourries pendant l'été. Les animaux formés à la glandée sont presque toujours vendus avec bénéfice, car ils ont en général peu coûté. Le plus souvent on termine l'engraissement commencé dans les bois, en donnant aux porcs une meilleure nourriture à la porcherie. Le gland lui-même, eût-il été seulement desséché à l'air, est plus profitable que vert ; les animaux le mangent mieux, et ceux qui s'en nourrissent boivent davantage. On peut encore rendre ce fruit plus nutritif en le passant dans un four chaud ; on l'écrase, et on le traite ensuite par l'eau bouillante : les porcs en mangent le marc, et en boivent l'infusion. Mais la meilleure manière d'utiliser le gland, c'est de le faire *drêcher :* la germination en détruit le tannin, et y développe du sucre. De quelque manière qu'on administre ce fruit, il donne un lard ferme et une viande savoureuse.

La *faîne*, ramassée par les porcs, peut contribuer à l'engraissement; elle se trouve presque toujours dans les bois mêlée au gland, et les animaux mangent les deux fruits à la fois. La première produit un lard huileux et une viande de médiocre qualité.

De tous les fruits, celui du châtaignier est le meilleur pour l'engraissement du porc. Dans les pays où les *châtaignes* sont communes, celles qui viennent dans les lieux escarpés, où il est difficile de les ramasser, commencent l'engraissement. On conduit aussi ces animaux dans les châtaigneraies, pour ramasser les fruits échappés à l'homme chargé de la récolte. Mais, pour que les châtaignes poussent l'engraissement, il faut les administrer à la porcherie et seulement après les avoir fait passer sur le séchoir; ainsi préparées, on les donne d'abord crues et avec l'écorce, ensuite on les sépare de l'enveloppe, mais on les administre sans les faire cuire. Vers la fin de l'engraissement, on les pelle, on les fait macérer et même cuire complétement. La châtaigne est très-recherchée par les porcs, et si on l'administre en suivant la gradation que nous venons d'indiquer, elle produit des animaux fin-gras, dont la graisse et la viande sont abondantes et d'excellente qualité.

*Résidus des amidonneries et des féculeries.* Les *résidus de la fabrication de l'amidon* ne sont pas homogènes : ils sont formés d'un son fort grossier dont nous ne devons pas parler ici, et d'une baissière qui est très-nutritive. Il faut donner celle-ci avec précaution, car les porcs s'en dégoûtent facilement. D'après Viborg, 15 kilogr. de ce produit, mêlés à de l'eau, donnent 5 demi-kilogr. de lard.

Le *son de la bière* est aussi une substance nutritive. C'est un accessoire qui peut être utile quand on commence l'engraissement. Encore il est bon de le donner avec d'autres aliments.

Les résidus que l'on obtient dans les *féculeries,* après avoir traité les pommes de terre pour en extraire la fécule, tels qu'ils sortent des tonneaux, contiennent beaucoup d'eau, sont peu nutritifs, et, donnés en trop grande abondance, produiraient la diarrhée; mais, séparés de l'eau par la pression et réduits en gâteaux, ils peuvent se conserver longtemps et sont alors sains et beaucoup plus nutritifs qu'un poids égal de pommes de terre. En général, on les donne cuits.

*Résidus de la distillation de l'eau-de-vie.* Les substances qui ont éprouvé la fermentation alcoolique, et qui, par la distillation, ont été séparées de la plus grande partie de leur alcool, peuvent être employées à l'engraissement du porc : les résidus des distilleries de grains, de pommes de terre et de vin, sont dans ce cas. Il faut, dans les premiers temps surtout, employer ces substances à petites doses, car elles produisent l'enivrement; mais données en médiocre quantité, elles stimulent l'organe gastrique, excitent l'appétit; peut-être aussi, agissant sur le système nerveux, comme les médicaments calmants, diminuent-elles la sensibilité des organes et augmentent-elles l'aptitude à engraisser.

Les baissières d'eau-de-vie sont usitées dans le Midi. D'après Viborg, un porc d'un an en mange 144 kilogr. par semaine, pendant dix semaines; après ce temps l'animal est gras, et le lard en est savoureux quoique mollasse.

*Résidus des fabriques d'huile.* Les *noix*, le *chènevis*, les *graines de lin*, de *colza*, de *cameline*, de *choux*, de *pavot*, renferment, outre une huile grasse, de l'albumine et d'autres principes nutritifs. Quand on traite ces substances pour en extraire le principe oléagineux, on y laisse toujours une partie du corps gras et tous les autres produits végétaux qui, réunis par la pression, forment, après l'extraction de l'huile, des masses connues sous le nom de *tourteaux*, de *nougats*.

Les tourteaux sont éminemment nutritifs. On emploie ceux du lin et de la noix. On les donne ordinairement moulus, écrasés dans l'eau, mêlés comme condiments à des herbes, à des racines fourragères; on les fait bouillir avec des pommes de terre, du son et de la farine d'orge. Ces substances engraissent beaucoup, mais elles dégoûtent souvent les porcs, et produisent, dans ces animaux, de la plus mauvaise viande que dans les ruminants. Les oléagineux forment un excellent aliment pour entretenir les porcs, mais ils ne doivent entrer que comme supplément dans la nourriture de ceux que l'on engraisse. Il faut même en cesser l'usage et les remplacer par de bons aliments douze ou quinze jours avant d'égorger les animaux.

On doit toujours ajouter aux divers résidus vers la fin de l'engraissement, des pommes de terre, des châtaignes, de l'orge, des féveroles, des pois moulus ou cuits, pour rendre la viande et le lard fermes.

*Grains, graines.* Les grains sont des substances éminemment propres à engraisser. Les plus riches en principes azotés sont les plus alibiles. De tous les aliments, ce sont les meilleurs pour rendre les animaux fin-gras; ils produisent une viande excellente. L'*orge,* l'*avoine,* le *sarrasin,* le *maïs,* les *pois,* les *féveroles,* les *fèves,* sont le plus souvent employés. Parmi ces grains, on préconise l'orge, l'avoine, les pois, à cause des bonnes qualités de la viande qu'ils produisent. « On calcule qu'un bon cochon augmente en poids de 20 à 25 livres par hectolitre de grains, moitié orge, moitié pois qu'il consomme (de Dombasle). » Le maïs, si riche en principes gras, si recherché par le bétail, et donnant une graisse et une viande si belles et si bonnes, doit être placé au premier rang.

On peut administrer les grains crus et entiers; mais le plus souvent, avant de les donner, on les écrase; d'autres fois, on les fait macérer ou ramollir dans l'eau bouillante. Quelques nourrisseurs les font cuire pour les rendre plus nutritifs; d'autres, pour faire développer du sucre dans l'orge et dans le seigle, avant de les administrer, les font germer, sécher, et les écrasent ensuite. Si l'on se rappelle que les principes solubles sont les plus digestifs, que la germination transforme l'hordéine, la fécule, en principes solubles, on comprendra que la germination doit augmenter les facultés engraissantes des grains, des graines et des fruits secs.

Le *son*, de quelque grain qu'il provienne, à moins qu'il ne renferme de la farine, convient peu pour l'engraissement; on prétend que la fermentation en augmente les propriétés nutritives.

La *panification* peut être avantageuse sous le rapport de l'engraissement. Elle est pratiquée dans quelques contrées. On prépare pour les porcs du pain qui, quoique fait avec des substances de peu de valeur, rend l'engraissement prompt et les chairs fermes. Chabert place en première ligne pour hâter l'engraissement, la *chapelure*, débris de pain que l'on achète chez les boulangers, chez les restaurateurs. Nous en avons observé les bons effets à la porcherie de l'école. Les débris ramassés sur les tables après les repas des élèves, composés en grande partie de morceaux de pain, formaient une nourriture préférée même à la viande.

La *fermentation* peut aussi être avantageuse : elle rend les grains plus nutritifs. Les pâtes aigries poussent beaucoup les porcs. Cependant quelques engraisseurs fort judicieux disent que vers la fin de l'engraissement, l'orge, le maïs, doivent être donnés crus ; ces aliments raffermissent l'estomac ramolli par les substances aqueuses, cuites, excitent l'appétit, facilitent la digestion, et rendent la viande ferme, le lard savoureux.

Très-souvent les grains sont donnés sous forme de *farine*, et le plus ordinairement pour assaisonner des bouillies de feuilles, de racines et de pelures. Ces aliments conviennent quand on commence l'engraissement. Ensuite, on donne la farine réduite en un magma, dans lequel on fait entrer des pommes de terre, des racines écrasées : on compose ce magma de plus en plus épais à mesure que l'engraissement augmente.

Il n'existe pas de nourriture plus propre à produire un engraissement rapide, et à donner de la bonne viande, que la farine d'orge ou de pois délayée dans le lait, le petit-lait ; en peu de temps elle produit de très-bons laitons.

En comparant quelques-uns des aliments que nous venons d'énumérer, M. Parant a trouvé, sur des porcs de différentes races, que pour produire 50 kilogr. de poids vivant, il faut :

| | |
|---|---|
| Seigle cuit | 208 kil. |
| Orge | 240 |
| Sarrasin | 284 |
| Son | 410 |
| Pommes de terre | 1,000 |
| Carottes | 1,420 |

L'effet produit par les aliments n'est pas constant ; il dépend des autres substances avec lesquelles ils sont associés et de la disposition des porcs qui les consomment. Il faut toujours faire entrer dans la nourriture des porcs des matières neutres, de la fécule, du sucre, du ligneux même en général d'un prix peu élevé, mais il faut les réunir à des substances azotées et à des corps gras. Nourris avec des rations ainsi composées, les porcs prennent un accroissement rapide, deviennent charnus et font beaucoup de graisse; soumis à un bon régime, ils transforment en graisse une partie des substances végétales qu'ils consomment.

SUBSTANCES ANIMALES. — Le *lait écrémé*, le *lait de beurre*, le *petit-lait*, le *recuit*, sont très-employés pour engraisser les porcs. Ces substances forment la base de l'entretien et de l'engraissement de ces animaux dans les fromageries des montagnes; mais le lard, la viande qu'elles donnent, sont loin d'être de première qualité.

Les produits aigres du lait engraissent mieux et produisent une meilleure viande. Du reste, ces substances ne peuvent pas terminer l'engraissement sans le secours d'aliments plus substantiels. Pour en tirer un très-bon parti il faut les mêler dans le principe à des pommes de terre, à des carottes cuites et écrasées, et ensuite à de la farine de pois, de maïs, d'avoine, d'orge, de sarrasin, de féverole.

Les *bouillons gras*, l'eau de vaisselle, les bouillons de tripes, employés seuls, peuvent, en raison des matières grasses et azotées qu'ils renferment, fournir un très-bon accessoire, comme boissons nutritives et comme excipient pour faire consommer de la farine, du son, des racines et des tubercules.

Les porcs peuvent très-bien être engraissés avec de la *viande* crue : les truies qui portaient et nourrissaient à la porcherie de l'école d'Alfort, quoique n'en recevant que d'une manière irrégulière, étaient sans cesse dans un état complet d'engraissement. Il y a cependant avantage à la faire cuire, elle est plus facile à distribuer, la cuisson permet de la conserver quatre, cinq, six jours de plus, et fournit le moyen de préparer, par l'addition de substances végétales, une nourriture économique et très-bonne cependant.

*Préparation.* Le procédé le plus simple serait la cuisson à la vapeur, avec l'appareil que nous avons indiqué p. 365. On peut aussi faire cuire dans une chaudière ordinaire. On met au fond de la chaudière les parties osseuses, la tête, et ensuite les parties molles charnues qu'on recouvre avec des substances végétales. Parmi ces dernières, les pommes de terre sont les plus convenables ; viennent ensuite les betteraves et les carottes ; les raves et les navets sont moins nutritifs ; les topinambours sont en général refusés après cuisson : les porcs les mangent beaucoup mieux crus, du moins c'est ce que nous avons toujours observé. Les betteraves pouvant être conservées jusqu'à la fin de juin, sont précieuses pour un établissement qui engraisse durant toute l'année.

Nous ne connaissons pas de feuilles qui puissent remplacer les racines charnues et les tubercules ; les plus appropriées seraient cependant celles des choux, des laitues et des betteraves. Nous n'avons jamais pu utiliser convenablement les plantes fourragères ordinaires, pas même les légumineuses, la luzerne. Quand elles sont cuites, même après avoir été hachées, elles sont toujours plus ou moins filandreuses et les porcs en sont peu avides. Ce qui convient le mieux pour faire cuire avec la viande vers la fin de l'été, ce sont les feuilles de betteraves et les betteraves arrachées pour éclaircir la récolte. Pour nous réserver cette nourriture nous faisions semer plus épais que cela n'était nécessaire, et sans que le rendement en racines en fût diminué, nous avions une ressource précieuse jusqu'au moment de la récolte.

Après la cuisson, les substances végétales et la viande doivent être déposées, pour être mélangées, dans des tonneaux. On aura soin de mettre dans chacun la même quantité de substances animales et de substances végétales. Le mélange peut y rester, même pendant les chaleurs, trois ou quatre jours ; il entre en fermentation, bouillonne, devient acide sans être fétide ; les porcs le mangent avec avidité et s'engraissent très-rapidement. Cette nourriture, à la porcherie de l'école, était mêlée à de la farine d'orge.

On avait, pour la distribution, de petits seaux en bois

contenant de 9 à 11 litres, avec lesquels on puisait facilement dans des tonneaux de 120 à 130 litres. Chaque porc âgé de 7, 8 ou 9 mois et pesant de 55 à 70 kilogr. quand il était mis à l'engrais, en recevait un plein seau le matin et un autre le soir. Chacune de ces distributions était composée à peu près de :

| | | |
|---|---|---|
| Viande cuite. . . . . . . . . . . | 2 kil. | |
| Pomme de terre. . . . . . . . . | 1 | |
| Farine d'orge, 2 litres. . . . . . . | 0 | 754 gr. |
| Eau, ou bouillon, ou eau grasse de la cuisine des élèves . . . . . . | 6 litres. | |

et quand il n'y avait pas de viande, de :

| | | |
|---|---|---|
| Pommes de terre cuites . . . . . | 4 kil. | |
| Farine, 4 litres . . . . . . . . . | 1 | 500 gr. |
| Eau ou eaux grasses . . . . . . | 6 litres. | |

Vers la fin de l'engraissement, 15 jours ou 3 semaines avant d'égorger les animaux, la quantité de la viande et celle de la farine étaient augmentées.

Avec ce régime, des porcs de 55 à 70 kilogr. augmentaient par jour de 500 à 550 gr. au début de l'engraissement, et de 700 à 750 gr. vers la fin de l'opération. Ils pesaient de 80 à 100 kilogr. après un engraissement de 45 jours. Arthur Young a obtenu un accroissement quotidien de 760 gr. en nourrissant avec de la farine de pois.

C'est à tort qu'on a considéré la viande produite par la nourriture animale comme mauvaise : que la viande de porc soit produite par du sang, par des muscles de cheval ou par du poisson, elle n'est pas de première qualité; mais elle est salubre et aussi bonne ou meilleure que celle des porcs nourris avec les résidus des fabriques, des huileries en particulier.

### III. — *Soins particuliers des porcs à l'engrais.*

Soins. — Leur habitation doit être peu spacieuse, mais aérée, obscure, bien sèche et éloignée du bruit. Les organes des sens, comme l'appareil locomoteur, doivent être inactifs dans le porc à l'engrais. Alors le corps fait peu de déperditions, et tous les aliments qui pénètrent dans son intérieur sont assimilés. Si les muscles agissent peu, les chairs deviennent tendres, à grain fin. Les porcs à l'engrais qui ne peuvent aller, ni se nettoyer dans l'eau, ni se frotter contre des arbres, ont particulièrement besoin de propreté. De nombreuses expériences comparatives ont prouvé que ces animaux n'engraissent jamais bien si la litière a besoin d'être changée. Lorsque la loge est humide, couverte d'ordures, ils vont, viennent, crient, et profitent peu de la nourriture. D'après Buffon, le séjour dans une étable pavée, propre, sans litière, contribue à rendre la viande excellente, le lard ferme et craquant. Cependant à l'autorité de ce nom nous préférons l'opinion des agronomes praticiens qui conseillent de renouveler souvent la litière et de la faire abondante vers la fin de l'opération quand les porcs sont gros et lourds : un bon lit contribue à les rendre tranquilles, et une loge *en lit de camp*, comme celle que nous avons recommandée page 360, nous paraît le moyen le plus propre à le leur procurer.

Si l'on engraisse les porcs en été, il faut les tenir au frais, leur faire prendre fréquemment des bains. En hiver, ils ont besoin d'une température modérée. Ces soins sont plus nécessaires pour l'engraissement que pour l'entretien des animaux.

Moyens particuliers. — On a proposé divers moyens pour activer l'engraissement du porc. Les uns veulent lui administrer du soufre. D'après Viborg, 4 grammes par jour d'antimoine natif lui donnent de l'appétit; mais la dose doit être moindre, si les animaux sont nourris avec des substances aigres. D'autres conseillent l'emploi des narcotiques, de la graine de jusquiame et de l'ivraie enivrante : on dit que ces substances produisent surtout un bon effet, lorsque les animaux sont turbulents. Elles sont inutiles ; il est très-rare aussi qu'on doive employer la saignée.

Quelques excitants, donnés de temps en temps, à très-petites doses, seuls ou mêlés aux aliments, peuvent être utiles en augmentant l'appétit et en facilitant la digestion ; mais il faut les employer avec modération, et seulement pour les animaux qui se dégouttent et qu'on veut pousser à un degré très avancé d'engraissement. Dans les circonstances ordinaires, il faut vendre ou tuer les porcs gras qui cessent de manger; ceux dont on ne peut pas entretenir l'appétit en variant la nourriture, en distribuant les aliments par petites rations et en tenant les auges très-propres.

### § 3. — Appréciation des porcs gras; qualités de la viande; rendement.

On ne peut pas pratiquer sur le porc les maniements qui font connaître l'état de graisse du bœuf et du mouton; on ne peut apprécier un porc gras qu'en l'examinant et en le palpant; celui qui est épais, qui a le dos large et aplati de droite à gauche, fournit beaucoup de lard; celui qui a le ventre tombant a beaucoup de graisse intérieure, en a beaucoup à l'épiploon et autour des reins; il fournit une *toile* lourde et beaucoup de saindoux.

On palpe les porcs pour apprécier les qualités de la viande en exerçant une pression sur les lombes, la croupe et les côtes, en arrière des épaules. Lorsque ces parties sont fermes, le lard a beaucoup de consistance; il est mou, au contraire, quand les chairs sont flasques vers la partie inférieure des côtes.

On ajoute, le plus souvent, peu d'importance à la qualité de la viande de porc; qu'importe, en effet, que les chairs soient plus ou moins fermes, un peu plus ou un peu moins savoureuses, quand elles doivent servir à faire de la saucisse ou des cervelas et autres préparations dans lesquelles le goût des épices cache complétement celui de la substance principale? De même quand le porc doit être fondu pour faire de la graisse, quand la graisse et le lard sont employés à la préparation de nos aliments, leur qualité est difficilement appréciée.

Généralement, le porc est de bonne qualité quand il est gras; les charcutiers, dans leurs achats, tiennent surtout compte de la quantité de graisse que paraissent avoir les animaux qu'ils achètent. Mais on ajoute de l'importance à la qualité de la viande quand elle doit être consommée sans préparations spéciales et surtout consommée fraîche. Celle qui provient de porcs châtrés jeunes, nourris avec des farines, avec des pois, des fèves, de l'orge, et médiocrement engraissés, est la meilleure; elle est sapide, ferme et cependant tendre. Dans les porcs trop jeunes, elle est celluleuse; dans les truies déjà vieilles elle est dure; et dans celles dont la gestation est avancée, elle est aqueuse.

Toutes les maladies du porc en déprécient la viande : les *hydropisies* la rendent molle, comme fusible à l'action du feu; on sait que celle des porcs affectés de *ladrerie* est aussi plus molle, moins sapide, prend moins bien le sel et diminue par la cuisson.

Cette dernière maladie est même considérée dans quelques pays, en vertu de lois particulières qui régissent le commerce de la charcuterie, comme vice rédhibitoire. La ladrerie ne nuit beaucoup à la viande que si elle est parvenue à une de ses dernières périodes et alors elle est facile à reconnaître. Les porcs qui en sont affectés sont tristes ont l'air morne, la voix n'en est pas naturelle; la peau est terne, terreuse, les soies sont roides et paraissent couvertes de poussière; enfin les chairs sont molles : si l'on presse la peau, elle revient lentement sur elle-même. Il n'est pas même nécessaire de *languеyer* l'animal pour reconnaître son état.

Lorsque la maladie est peu avancée elle déprécie peu la viande. Dans les pays à porcs celui qui, sur la foire, reconnaît la ladrerie d'un porc qu'il marchande, se borne à en faire diminuer le prix de 5, de 6, de 10 francs, selon sa valeur. Dans tous les cas, le propriétaire qui a fait l'acquisition d'un porc atteint de ladrerie a plus d'intérêt à le garder qu'à faire des démarches pour le faire reprendre, car la dépréciation qu'occasionne la ladrerie le constitue moins en perte que les démarches, les faux frais qu'il est obligé de faire quand il intente une action en garantie.

Rendement. — Nous nous bornons à rapporter quatre exemples de rendement empruntés aux *comptes rendus pu-*

*bliés* par l'administration à l'occasion du concours de bestiaux gras.

| | Leicester-Craonnais. | Essex. | Normand. | Flamand. |
|---|---|---|---|---|
| Poids vif. . . . . . | 254,00 | 224,00 | 359,00 | 327,00 |
| Viande nette. . . . | 205,05 | 180,00 | 285,00 | 262,00 |
| Tête . . . . . . . . | 13,05 | 11,05 | 27,00 | 14,00 |
| Ratis et Crépine. . . | 7,05 | 6,00 | 9,00 | 9,00 |
| Frésure . . . . . . | 4,00 | 3,00 | 5,00 | 7,50 |
| Sang . . . . . . . | 5,05 | 4,05 | 8,00 | 9,50 |
| Intestins. . . . . | 5,00 | 5,00 | 7,00 | 7,00 |
| Excréments, râclures, évaporation . . . | 14,80 | 14,90 | 18,00 | 18,00 |
| Pour 100 de viande nette . . . . . | 80,73 | 80,36 | 79,39 | 80,12 |

Et nous ajouterons : non-seulement le rendement en viande nette est de beaucoup plus considérable dans le porc que dans les autres animaux domestiques, mais encore tous les produits fournis par cet animal, tête, pieds, intestins, sang, etc., sont livrés à la consommation; de sorte que le rendement qui, dans les exemples que nous venons de rapporter, ne paraît être que de 79 à 80 pour 100 est réellement de 94 à 95.

www.ingramcontent.com/pod-product-compliance
Ingram Content Group UK Ltd.
Pitfield, Milton Keynes, MK11 3LW, UK
UKHW020339180726
13839UKWH00002B/805